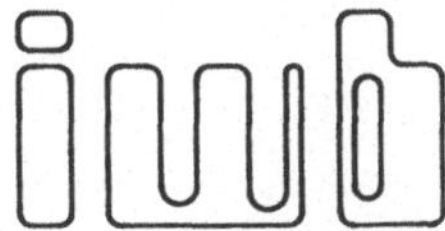

Forschungsberichte · Band 15

**Berichte aus dem
Institut für Werkzeugmaschinen
und Betriebswissenschaften
der Technischen Universität München**

Herausgeber: Prof. Dr.-Ing. J. Milberg

Klaus Riese

Klipsmontage mit Industrierobotern

Mit 92 Abbildungen

Springer-Verlag
Berlin Heidelberg New York
London Paris Tokyo 1988

Dipl.-Ing. Klaus Riese
Institut für Werkzeugmaschinen und Betriebswissenschaften (iwb), München

Dr.-Ing. J. Milberg
o. Professor an der Technischen Universität München
Institut für Werkzeugmaschinen und Betriebswissenschaften (iwb), München

D 91

ISBN-13: 978-3-540-19183-4   e-ISBN-13: 978-3-642-73613-1
DOI: 10.1007/978-3-642-73613-1

Gesamtherstellung: Hieronymus Buchreproduktions GmbH, München
2362/3020-543210

Geleitwort des Herausgebers

Die Verbesserung der Fertigungsmaschinen, der Fertigungsverfahren und der Fertigungsorganisation zur Steigerung der Produktivität und Verringerung der Fertigungskosten ist eine ständige Aufgabe der Produktionstechnik. Die Situation in der Produktionstechnik ist durch abnehmende Fertigungslosgrößen und zunehmende Personalkosten sowie durch eine unzureichende Nutzung der Produktionsanlagen geprägt. Neben den Forderungen nach einer Verbesserung der Mengenleistung und der Arbeitsgenauigkeit gewinnt die Steigerung der Flexibilität von Fertigungsmaschinen und Fertigungsabläufen immer mehr an Bedeutung. In zunehmendem Maße werden Programme, Einrichtungen und Anlagen für rechnergestützte und flexibel automatisierte Produktionsabläufe entwickelt.

Ziel der Forschungsarbeiten am Institut für Werkzeugmaschinen und Bertriebswissenschaften der Technischen Universität München (iwb) ist die weitere Verbesserung der Fertigungsmittel und Fertigungsverfahren im Hinblick auf eine Optimierung der Arbeitsgenauigkeit und Mengenleistung der Fertigungssysteme. Dabei stehen Fragen der anforderungsgerechten Maschinenauslegung sowie der optimalen Prozeßführung im Vordergrund. Ein weiterer Schwerpunkt ist die Entwicklung fortgeschrittener Produktionsstrukturen und die Erarbeitung von Konzepten für die Automatisierung des Auftragsdurchlaufs. Das Ziel ist eine Integration der technischen Auftragsabwicklung von der Konstruktion bis zur Montage.

Die im Rahmen dieser Buchreihe erscheinenden Bände stammen thematisch aus den Forschungsbereichen des iwb: Fertigungsverfahren, Werkzeugmaschinen, Fertigungsautomatisierung und Montageautomatisierung. In ihnen werden neue Ergebnisse und Erkenntnisse aus der praxisnahen Forschung des iwb veröffentlicht. Diese Buchreihe soll dazu beitragen, den Wissenstransfer zwischen dem Hochschulbereich und dem Anwender in der Praxis zu verbessern.

Joachim Milberg

<u>Vorwort</u>

Die vorliegende Dissertation entstand neben meiner Tätig-
keit als wissenschaftlicher Mitarbeiter am Institut für Werkzeugmaschinen und Betriebswissenschaften der Technischen
Universität München.

Herrn Prof. Dr.-Ing. Joachim Milberg, dem Leiter des Insti-
tuts, gilt mein besonderer Dank für die tatkräftige Unter-
stützung und wohlwollende Förderung sowie für die wert-
vollen Hinweise zu dieser Arbeit.

Ebenso danke ich Herrn Prof. Dr.-Ing. K. Ehrlenspiel für
die aufmerksame Durchsicht der Arbeit und die guten Anre-
gungen.

Allen Mitarbeitern des iwb und den Studenten, die mich bei
der Erstellung dieser Arbeit oft unter großem Einsatz unterstützt haben, möchte ich meinen herzlichen Dank aus-
sprechen.

München, im Januar 1988   *Klaus Riese*

Inhaltsverzeichnis I

Formelzeichen

b	Breite des Klipsfederschenkels
c	Hilfsgröße
d_{Bo}	Durchmesser der Montagebohrung
d_{Kl}	größter Durchmesser des Klipsfederschenkels
E	Elastizitätsmodul
F	Kraft
F_{zyl}	Fügekraft des Druckluftzylinders
h	Dicke des Klipsfederschenkels
I_z	Trägheitsmoment bezüglich der Z-Achse
l	Länge des Klipsfederschenkels
R	Radius des Klipsfederschenkels
T	Temperatur
w	Durchbiegung
α	Federschenkelwinkel (halber Öffnungswinkel des Klipsfederschenkels)
γ	Neigungswinkel
ε	Dehnung
μ	Reibungsbeiwert
ρ	Reibungswinkel
σ	Spannung

Mathematische Operatoren

$'$	Ableitung nach der Länge
$\cdot$	Ableitung nach der Zeit
sin	Sinusfunktion
tan	Tangensfuntion

1 Einleitung

1.1 Allgemeines

Die Situation in der Produktionstechnik ist heute durch abnehmende Fertigungslosgrößen und zunehmende Personalkosten sowie durch eine unzureichende Nutzung der Produktionsanlagen geprägt. Neben den Forderungen nach verbesserter Mengenleistung und Arbeitsgenauigkeit gewinnt deshalb die Verbesserung der Flexibilität von Produktionseinrichtungen und -abläufen immer mehr an Bedeutung. In zunehmendem Maße werden Programme, Einrichtungen und Anlagen für rechnergestützte und flexibel automatisierte Produktionsabläufe entwickelt /1.1/.

Die augenblickliche Situation zahlreicher Unternehmen ist gekennzeichnet durch verschärften Wettbewerbsdruck, steigende Qualitätsansprüche, Zwang zu kurzen Lieferzeiten und hohe Rohstoff- und Lohnkosten bei gleichzeitiger Stagnation des Wirtschaftswachstums und Sättigung des Marktes in vielen Branchen. Die Produktion muß sich den in immer kürzeren Abständen wechselnden Anforderungen des Marktes durch neue Produkte, Produktänderungen und -varianten anpassen können, da die Produktlebenszeiten kürzer werden, während gleichzeitig die Variantenvielfalt zunimmt. Um in diesem Umfeld weiter zu bestehen, ist ein Unternehmen gezwungen, kostensparend und flexibel zu produzieren /1.2/. Das heißt für die Industrie angesichts der hohen Lohnkosten und der weiter sinkenden Arbeitszeit: flexible Automation. In der Regel sind nicht rechtzeitig durchgeführte Rationalisierungsmaßnahmen nur schwer aufzuholen.

Durch die flexible Automatisierung wird aber nicht nur ein Rationalisierungseffekt angestrebt; die Humanisierung des Arbeitslebens steht mit im Vordergrund. Es sollen nicht nur Lohnkosten eingespart und die Qualität der Produkte erhöht werden; es werden auch die Umgebungsbedingungen für die Arbeiter in ergonomischer und gesundheitlicher Hinsicht verbessert. Gesundheitsgefährdende Arbeitsplätze müssen ebenso automatisiert werden wie monotone und körperlich stark belastende Arbeiten.

1.2 Flexible Automatisierung der Montage

Im Zuge der Rationalisierung ist der Bereich der Montage bisher kaum durch die Automatisierung erfaßt worden. Aufgrund der Vielfalt der Probleme in der Montage war es aus wirtschaftlichen Gesichtspunkten in vielen Fällen nicht sinnvoll, eine Automatisierung mit starren Montageanlagen zu realisieren. Erst der Einsatz von Industrierobotern ermöglicht die in der Montage erforderliche Flexibilität. Nur so kann die auftretende Vielfalt an Aufgaben und sensorischen Anforderungen bewältigt werden. Der Zusammenhang zwischen der Komplexität der jeweiligen Aufgabenstellung und dem Automatisierungsgrad in der Auftragsabwicklung vom Auftrag zum Produkt ist in Abb. 1.1 schematisch dargestellt.

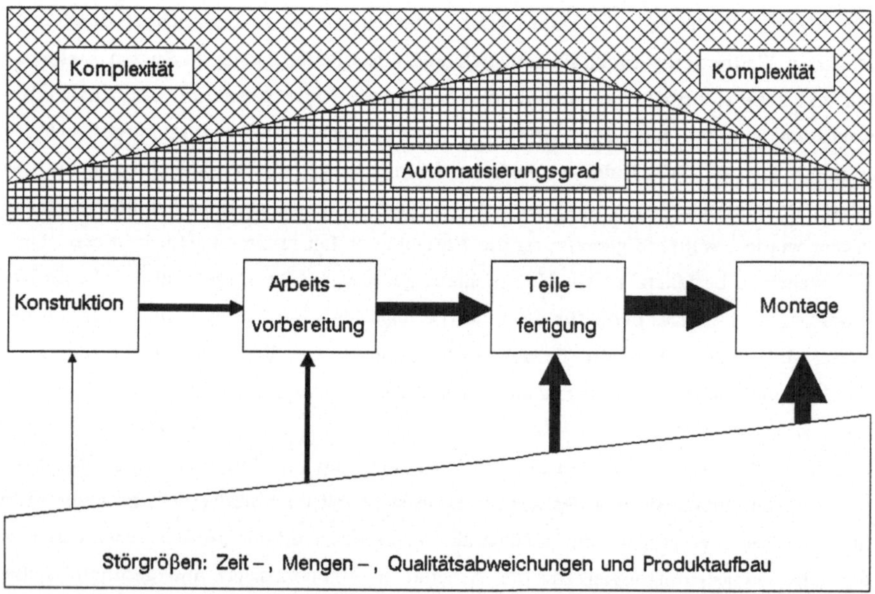

Abb. 1.1:   Montage als Sammelbecken aller Störgrößen im Auftragsdurchlauf /1.3/

Durch die schnell voranschreitende Weiterentwicklung auf dem Sektor der Industrieroboter und deren Peripherie, besonders in der Steuerungstechnik, in der Hard- und Software und auf dem Gebiet der Sensorik haben sich im Bereich der Montage große Rationalisierungsmöglichkeiten aufgetan.

Im Bereich der Montage ist das Fügen von besonderer Bedeutung, da hier im Gegensatz zum Handhaben oder Kontrollieren direkt zum Fertigungsfortschritt beigetragen wird. Der Fügevorgang ist dabei direkt abhängig von der Art der Verbindung, die angewendet wird, wie z.B. kleben, schrauben, nieten, klipsen usw. Je nach Anwendungsfall stehen bestimmte Verbindungsarten zur Wahl, die sich nach lösbaren und unlösbaren bzw. kraft- und formschlüssigen Verbindungen unterscheiden lassen.

Eine Verbindungsart, die in der automatisierten Montage eine immer größere Bedeutung gewinnt, ist die Gruppe der Schnappverbindungen. Aufgrund der zunehmenden Anwendung von Schnellbefestigungselementen befaßt sich diese Arbeit mit der flexibel automatisierten Montage dieser Verbindungsart unter der besonderen Berücksichtigung von Klipsen.

1.3 Anwendung und Eigenschaften von Klipsen

Klipse eignen sich allgemein für Verbindungen, die nur geringe Kräfte übertragen müssen, z.B. für die Haltefunktion von Verkleidungen, Blenden, Kabelschellen usw. Jedes Verbindungselement wird zur Zeit noch einzeln von Hand montiert. Die Anwendungsmöglichkeiten von Klipsen als lösbare oder unlösbare Verbindung sind noch nicht annähernd ausgeschöpft. Wegen des einfachen Fügevorgangs und der meist mehrfachen Verwendung von Klipsen an einem Bauteil bietet sich die Automatisierung dieses Montagevorgangs an.

Das Fügeprinzip dieser Verbindungstechnik erfordert eine elastische Verformung des Schnellbefestigers. Die notwendigen Füge- und Lösekräfte lassen sich durch die Gestaltung und Werkstoffwahl der Elemente von vornherein festlegen. Dem Konstrukteur werden insbesondere bei Kunststoffelementen weite Gestaltungsmöglichkeiten geboten, da die zur Erzeugung elastischer Reibungskräfte notwendigen Konturen nahezu unbeschränkt durch Spritzgießen oder Extrudieren hergestellt werden können. Der niedrige Elastizitätsmodul der Kunststoffe gestattet die erforderliche Nachgiebigkeit, außerdem leistet dessen niedriges spezifisches Gewicht einen Beitrag zum Leichtbau. /1.4/

Besonders bei Großserienprodukten hat die Anwendung von schnellfügbaren Verbindungselementen in den letzten Jahren stark zugenommen. Diese Entwicklung ist hauptsächlich auf den enormen Fortschritt im Kunststoffsektor zurückzuführen. Die Vorteile dieser häufig formschlüssig wirkenden Verbindungselemente sind der schnelle und einfache Fügevorgang, geringes Eigengewicht und niedrige Kosten. Vor allem bei Sonderanfertigungen, die oft erst durch die Anwendung von Klipsen oder Klammern ermöglicht werden, bringen Schnappverbindungen gegenüber bisherigen Verbindungstechniken beträchtliche Kostenvorteile. Die hohe Funktionssicherheit ist ein weiteres Argument für die Anwendung von Schnellbefestigungselementen. Seit ca. 30 Jahren werden Schnappverbindungen nicht nur in der Automobilindustrie eingesetzt, sondern auch in vielen anderen Industriezweigen des Maschinenbaus und der Elektrotechnik /1.5/.

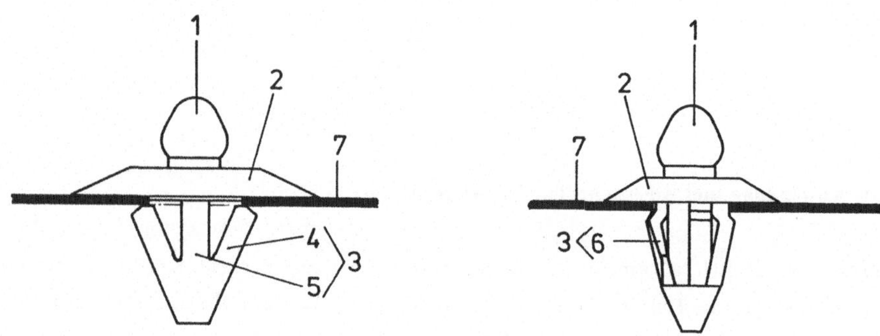

Abb. 1.2:   Elemente eines Klipses

Klipse bestehen aus den folgenden Funktionselementen (Abb. 1.2): der Kopf (1), der das eigentliche Funktionsteil für die geplante Aufgabe als Verbindungselement darstellt; die Tellerfeder (2), die Schnittstelle zwischen den beiden zu verbindenden Bauteilen; der Fuß (3), bestehend entweder aus üblicherweise vier Federschenkeln in Form eines Käfigs (6), die am oberen Ende mit dem Klips verbunden sind, oder aus zwei Federschenkeln (4), die von unten am Schaft (5) nach oben offen auseinanderlaufen. Zusammen mit der Tellerfeder bildet der Fuß die Verbindung mit dem Blech des Basisteils (7).

Mit Hilfe des Kopfes können die unterschiedlichsten Aufgaben realisiert werden. Im obigen Beispiel bildet ein kugelförmiger Kopf die Hälfte eines Druckknopfes, mit desdem eine Verkleidung an der Innenseite einer Pkw-Tür befestigt wird. In der Innenverkleidung befindet sich ein Gegenstück, das der Negativform des Kugelkopfes entspricht.

Anstatt der Kugel werden viele andere Varianten des Klipskopfes angewendet: Kabel-
und Rohrklemmen, Kabelhalter, Schlauchhalter, Lochbandschlaufen, Kabelbänder, Ab-
deckkappen, Zierleistenbefestiger, Verkleidungshalter, Klipse zum Einstecken, Ein-
drehen, Einknöpfen usw. (Abb. 1.3). Auf eine erschöpfende Aufzählung der An-
wendungsfälle und damit der Kopfformen wird hier verzichtet; die vielfältigen Möglichkeiten seien durch die kurze Aufzählung angedeutet.

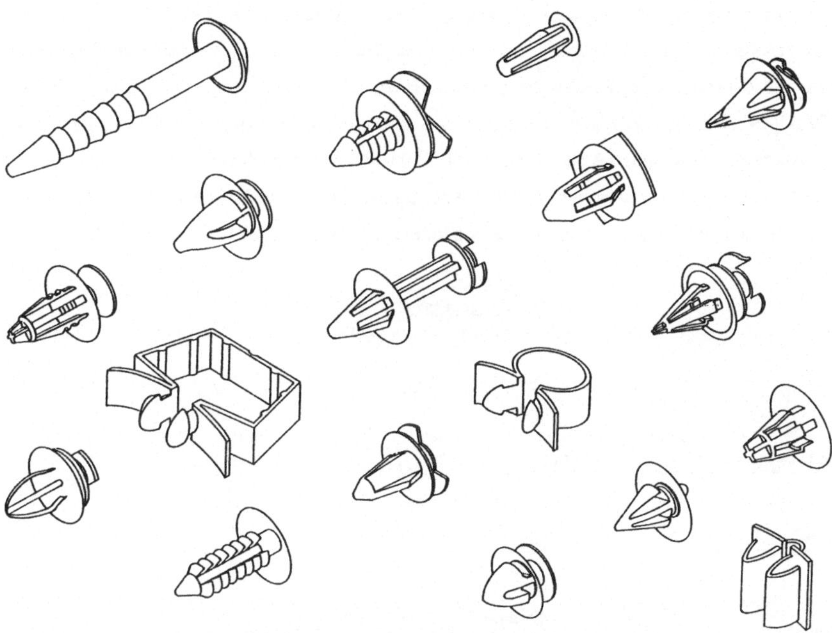

Abb. 1.3:   Variantenvielfalt bei Klipsverbindungen

Die Tellerfeder hat die Aufgabe, den Klips in axialer Richtung gegen zu weites Eindringen in das Basisbauteil durch Formschluß zu sichern und in Verbindung mit dem
Fuß Spielfreiheit durch Vorspannung der Feder zu erreichen. Eine Abdichtung gegenüber dem Basisteil ist durch eine eng tolerierte Auslegung der Tellerfeder erreichbar.
Der Fuß stellt die eigentliche Verbindung zum Basisbauteil dar. Durch axiales Fügen
werden die Federschenkel elastisch verformt, rasten im Basisteil ein und bewirken so eine formschlüssige Verbindung (Abb. 1.2 links); die Verbindung in Abb. 1.2 rechts ist
dagegen als kraftschlüssig anzusehen.

Je nach Typ des Fußes ist diese Verbindung zum Basisbauteil lösbar oder unlösbar (Abb. 1.2). Ist der Fuß in Form von zwei Federschenkeln offen ausgebildet, so ist die Verbindung als unlösbar anzusehen, da Klips und Basisbauteil nur durch Zerstörung des Klipses getrennt werden können. Der Fuß als geschlossener Käfig kann so ausgelegt sein, daß die Verbindung zwischen Klips und Basisteil lösbar ist. Dies hängt vom Winkel der Hinterschneidung der Federschenkel zum Basisteil ab.

Der Fügevorgang von Klipsen wird mit 'Federnd Einspreizen' bezeichnet, d.h. das Fügen erfolgt durch elastisches Verformen der Federschenkel, so daß das Fügeteil nach dem Eindrücken und Rückfedern durch Formschluß gehalten wird /1.6/. Nach DIN 8593 läßt sich das Klipsen innerhalb des Fertigungsverfahrens 'Fügen' unter 'Zusammensetzen' einordnen (Abb. 1.4). DIN 8593 definiert federnd Einspreizen als Fügen durch vorheriges elastisches Verformen, damit das Fügeteil nach dem Einlegen oder Aufschieben und anschließendem Rückfedern durch Formschluß gehalten wird.

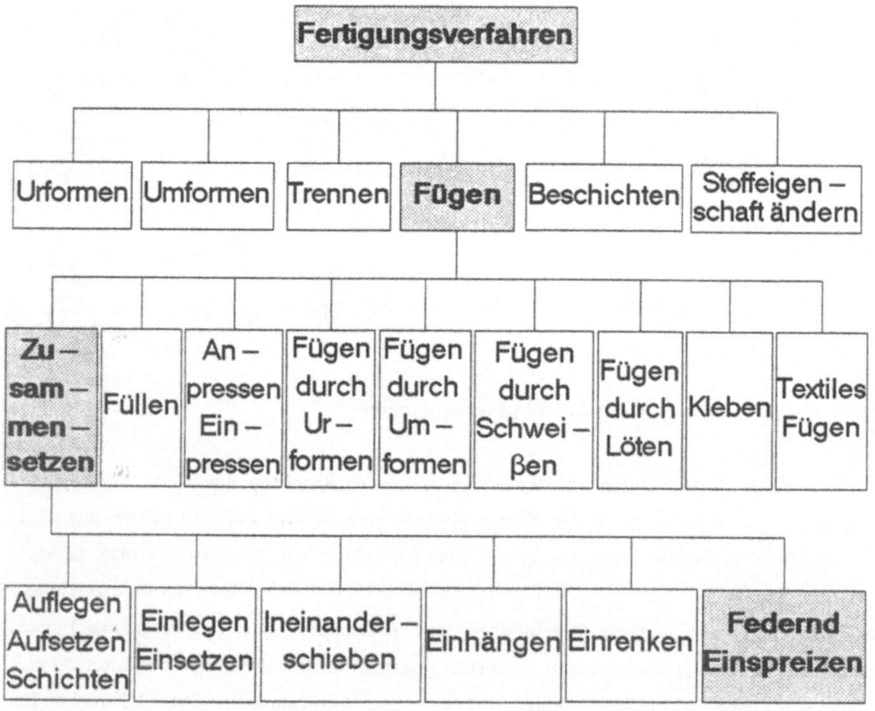

Abb. 1.4:   Einteilung der Fertigungsverfahren 'Fügen' nach DIN 8593

Generell werden Verbindungselemente nach ihrer Funktion eingeteilt. Bei der Betrachtung ihrer automatisierten Montage bietet sich allerdings eine andere Beurteilung an. Es wird nicht die spätere Funktion des Elementes betrachtet, sondern diejenigen Kriterien, die zur Automatisierung des Montagevorgangs relevant sind: so ist die Art des Fügevorgasngs ebenso entscheidend wie die Geometrie des Verbindungselementes oder dessen Werkstoffeigenschaften z.B. bezüglich der Magnetisierbarkeit. Für das Konzept einer automatisierten Montageanlage stellen die Greifeigenschaften, das Ruhe- und Förderverhalten des zu montierenden Elements grundlegende Eigenschaften dar.

Die weiteren Eigenschaften von Klipsen lassen sich als Vorteile gegenüber anderen Verbindungstechniken kurz darstellen als schnell blind montierbar, geräusch- und schwingungsdämpfend sowie kostensparend. Die Möglichkeit, Klipse mit beliebigen Werkstoffen zu kombinieren wirkt sich ebenso vorteilhaft aus wie das geringe Gewicht und die Korrosionsbeständigkeit. Außerdem besitzen Klipse eine gute thermische wie auch elektrische Isolation.

2 Stand der Technik und Ziel der Arbeit

2.1 Untersuchungen zur automatischen Klipsmontage

Es existieren Arbeiten zu Klipsverbindungen, die sich primär auf die Produktgestaltung und Einsatzmöglichkeiten beziehen /2.1/. Im Hinblick auf die automatische Montierbarkeit beim Fügen und insbesondere auf einfache Zuführung sind bisher wenige Untersuchungen durchgeführt worden.

Der Fügevorgang einer Schnappverbindung wurde sowohl durch Festigkeitsrechnung /2.2/ ausgelegt als auch mit Hilfe eines Finite-Elemente-Programms berechnet (Abb. 2.1) /2.3, 2.4/. Aufgrund der andersartigen Gestalt der dargestellten Schnappverbindung sind diese Berechnungen nicht ohne weiteres auf das Klipsen übertragbar. Praktische Messungen zum Fügevorgang von Klipsen konnten aufgrund unzureichend entwickelter Meßtechnik bis vor wenigen Jahren nicht durchgeführt werden.

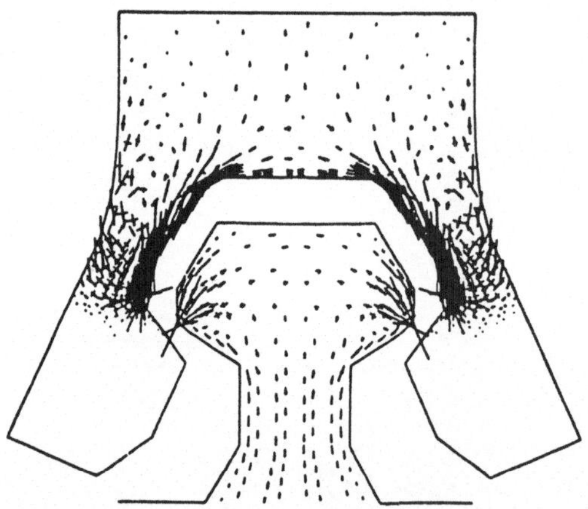

Abb. 2.1:   Hauptspannungskreuzdarstellung einer 30/60-S-Schnappverbindung /2.4/

Über die Klassifizierung und Einteilung von Schnellbefestigern sowie über deren Varianten sind bereits zahlreiche Berichte veröffentlicht worden /2.4 - 2.7/. Zur flexiblen Automatisierung von Montageprozessen existieren einige Arbeiten, die sich allerdings meist auf spezielle Anwendungen beziehen /2.8 - 2.13/. Einige Veröffentlichungen befassen sich mit der automatischen Montage von anderen Verbindungselementen, z.B.

Schrauben /1.2/. Dagegen gibt es bisher keine umfassende Arbeit über die flexibel automatisierte Montage von Klipsen, die daher als grundsätzliches Problem in dieser Arbeit systematisch untersucht werden soll.

2.2 Anforderungen an eine umfassende Analyse des Klipsens

Der Fügeprozeß sollte von seinem Kräfteverlauf her berechenbar sein. So könnten Klipsverbindungen schon in der Konstruktion auf deren Festigkeit sowie in Bezug auf die zu erwartenden Fügekräfte berechnet werden. Die theoretischen Ansätze zur Berechnung der Fügekräfte sind bisher allerdings unzureichend, sie müssen weiterentwickelt und auf ihre Aussagefähigkeit überprüft werden. Daher muß der Fügevorgang der Klipse experimentell untersucht werden; d.h. die beim Fügen auftretenden Kräfte und Momente sind zu messen. Dies ist sowohl beim zentrischen Fügen als auch beim Fügen mit Positionierfehlern durchzuführen, da dies der Regelfall in der Praxis ist. Nur so läßt sich eine optimale Klipsgestalt finden, die der Anforderung geringer Fügekräfte gerecht wird.

Da normalerweise zwischen Klips und Montagebohrung Positionstoleranzen bestehen, ist es nötig, ein nachgiebiges (komplientes) Element zum Toleranzausgleich in das Fügewerkzeug zu integrieren. Zur Überprüfung der Auswirkungen und Optimierung dieses komplienten Systems müssen die Kraftmessungen ebenfalls mit einer derartigen nachgiebigen Klipseinspannung erfolgen. Wünschenswert ist, daß sich der Einfluß eines komplientes Systems auf den Fügeprozeß ebenfalls berechnen läßt. Weiterhin muß überprüft werden, bis zu welchen Positionierfehlern zwischen Klips und Montagebohrung noch ein zuverlässiges Fügen möglich ist. Es gilt, die Verfügbarkeit der Montagezelle zu erproben und zu maximieren.

Es existiert noch kein Schema zur Planung und Entwicklung einer flexibel automatisierten Montagezelle. Daher ist es notwendig, eine strukturierte, systematische Vorgehensweise für die Planung und den Entwurf einer flexibel automatisierten Montagezelle zu entwickeln. Dies soll am Beispiel einer Klipsstation erfolgen. Das erfordert auch den Aufbau und die Erprobung einer Klipsmontagezelle, wie sie durch eine derartige Methode entwickelt worden ist.

2.3 Ziel der Arbeit

Da ohne eine systematische Planung eine optimale Montageanlage für Klipse nur mehr oder weniger zufällig aufgebaut werden kann, wird eine strukturierte Planungsmethode zur Entwicklung einer flexibel automatisierten Montagezelle vorgestellt. Nach Auswahl und Darstellung einer günstigen Funktionsstruktur werden Wirkprinzipien für den Effektor zur Montage und für die Bereitstellung der Klipse entwickelt. Der Entwurf einer Montagezelle für Klipse wird anhand der zugehörigen Strukturelemente erläutert. Die grundlegenden Möglichkeiten der Effektorgestaltung und der Teilebereitstellung zur Montage von Klipsen werden vorgestellt und abgewogen.

Bevor ein Versuchstand zur Klipsmontage aufgebaut wird, werden die zu erwartenden Fügekräfte berechnet und durch Messungen überprüft, so daß die Elemente der Montagezelle richtig ausgelegt werden können. Die Berechnungen des Fügevorganges beginnen an einem idealisierten statischen Modell. Die Betrachtung des Fügevorgangs nach der Methode der finiten Elemente soll Aufschluß über die Fügekraftverläufe und über die inneren Spannungen im Klips geben. Versuchsreihen ergänzen die theoretischen Ansätze. Hier werden Kraftmessungen durchgeführt, um die Fügekräfte und -momente real zu messen. Ein weiterer Schwerpunkt der Versuche liegt auf der Untersuchung des Einflusses von Toleranzen zwischen Klips und Montagebohrung auf die Fügekräfte. Eine Schwachstellenanalyse schließt den praktischen Teil der Kraftmessungen ab.

Auf den bisherigen Erfahrungen basierend wird eine flexibel automatisierte Montagezelle für Klipse aufgebaut, an der die nachfolgenden Versuche durchgeführt werden (Abb. 2.2). Mit Hilfe einer Schwachstellenanalyse soll die Verfügbarkeit der Montagezelle analysiert und auftretende Fehler möglichst beseitigt werden, um so die Verfügbarkeit zu maximieren. Die für den Fügevorgang zulässigen Montagetoleranzen werden ermittelt und durch die Integration eines komplienten Systems maximiert.

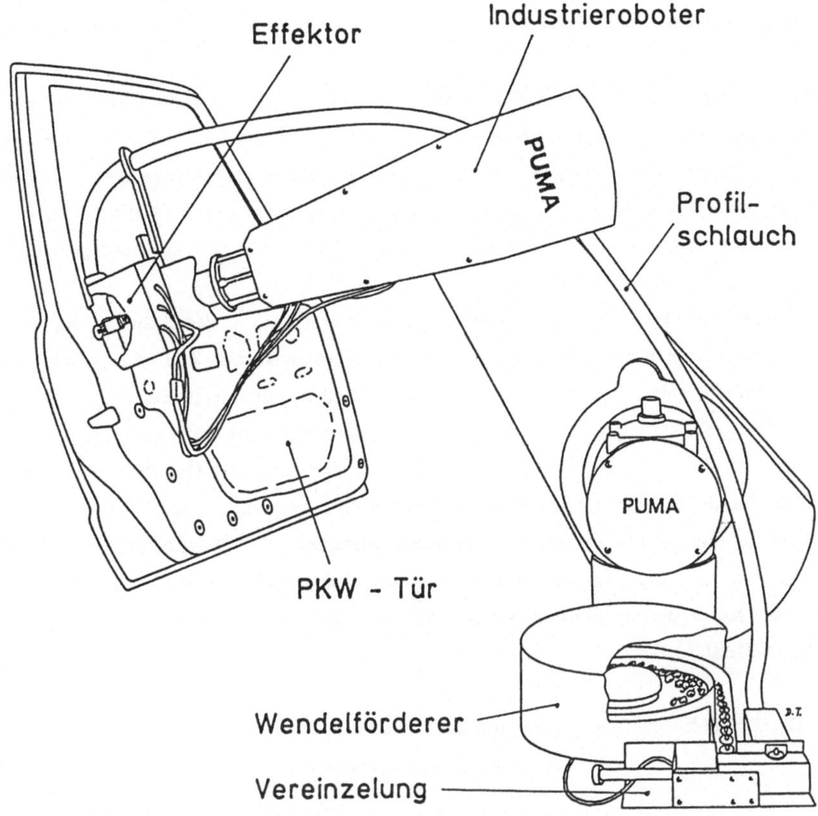

Abb. 2.2:   Aufbau einer flexibel automatisierten Klipsstation

Zusammenfassend lassen sich die Ziele folgendermaßen darstellen:

+   Entwickeln einer systematischen Planungsmethode für automatische Montagezellen,

+   Entwerfen einer flexiblen Montagezelle am Beispiel von Klipsen,

+   Berechnen der beim Klipsen auftretenden Fügekräfte,

+   Messen der Fügekräfte zum Vergleich mit den Berechnungen und

+   durch Versuche die Verfügbarkeit der Klipsmontagezelle optmieren.

3 Planung einer Montagezelle für Schnellbefestiger

3.1 Vorgehensweise

Im Rahmen der flexibel automatisierten Montage sind die Problemstellungen oft ähnlich. Die Montage von Verbindungselementen, die als Schüttgut angeliefert werden (wie Schrauben, Klipse, Klammern, Nieten etc.), weist sogar sehr starke Parallelen auf. Diese Verbindungselemente haben i.a. ein sehr geringes Eigengewicht; häufig werden sie mehrfach an einem Bauteil verwendet und benötigen meist nur geringe Montagezeiten.

Es ist daher sinnvoll, eine Vorgehensweise zu erarbeiten, die in der Entwicklung derartiger automatischer Montageanlagen allgemein anwendbar ist. Das Ziel ist es, einen Leitfaden zu haben, anhand dessen man möglichst schnell zu einem optimalen Entwurf für eine Montagezelle gelangt, ohne etwaige Lösungsvarianten nicht berücksichtigt zu haben. Dazu gehört die Analyse und die Bewertung der notwendigen Handhabungsvorgänge sowie das Erarbeiten von Entwürfen zum Aufbau einer Montageanlage. Da die Entwicklung von flexibel automatisierten Montagestationen unter dem Gesichtspunkt der Vorgehensweise starke Analogien zu Konstruktionsaufgaben aufweist, läßt sich die beim methodischen Konstruieren übliche Vorgehensweise analog anwenden, die sich in vier Schritte aufteilt /3.1/:

1. ABGRENZEN :   + Aufgabe auswählen und klären,
   + Anforderungsliste erstellen,

2. KONZIPIEREN :   + Funktionsstrukturen,
   + Wirkprinzipien,
   + physikalische Prinzipien,

3. ENTWERFEN :   + Gestaltung,
   + Entwurf,
   + Layout,

4. AUSARBEITEN :   + Detaillieren,
   + Fertigungsunterlagen erstellen und
   + Betriebsunterlagen erstellen.

Diese einzelnen Schritte zur Vorgehensweise bedürfen nur geringfügiger Modifikationen, um sie auf die Entwicklung einer automatischen Montagezelle anzuwenden. In diesem Kapitel werden die Teilschritte ABGRENZEN und KONZIPIEREN schwerpunktmäßig behandelt. Dem Teilschritt ENTWERFEN ist das folgende Kapitel gewidmet. Der letzte Abschnitt AUSARBEITEN wird hier nicht vertieft.

3.2 Abgrenzen der Randbedingungen

In diesem Teilschritt zur Entwicklung einer automatischen Montagezelle geht es darum, zu erkennen und abzugrenzen, unter welchen Bedingungen (Einschränkungen) die Aufgabe zu lösen ist. Es muß also der erste Planungsschritt ABGRENZEN bearbeitet werden, d.h. 'Aufgabe auswählen und klären' und 'Anforderungsliste erstellen'.

Der Teilschritt 'Aufgabe auswählen' ist hier durch das Thema der Arbeit schon vorgegeben. Es gilt, eine flexibel automatisierte Montageanlage für Klipse zu entwickeln. Die Aufgabe muß geklärt werden: Worin besteht das Problem? Als Anfangsbedingung liegen Klipse als Schüttgut vor; im Endzustand sind die Klipse fertig im Basisbauteil montiert. Aufgabe der Montagestation ist es also, alle hierfür erforderlichen Zwischenstufen in folgendem Prozeß zu realisieren (Abb. 3.1):

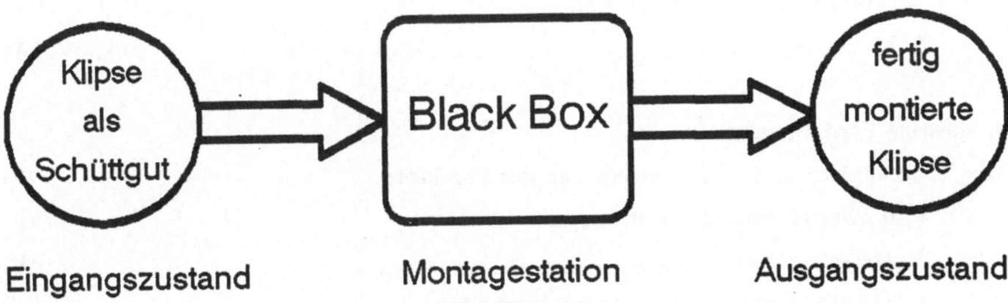

Abb. 3.1:   Black Box zur automatischen Klipsmontage

Die Anforderungen zur automatischen Klipsmontage lassen sich lösungsneutral und nach Fest- (F) oder Wunschforderung (W) unterteilt auflisten /2.1/:

* Funktionsforderungen zur Handhabung der Teile:

  + Bunkern,   (F)

  + Ordnen,   (F)

  + Vereinzeln,   (F)

  + Fördern,   (F)

  + Montieren und   (F)

  + Überwachen der Teilfunktionen.   (W)

* Schnittstellenforderungen an die Elemente der Montageanlage:

  + Energie: Druckluft, 24 V DC, 220 & 380 V AC,   (F)

  + Material der Teile: Kunststoff,   (F)

  + Schüttgutcharakter der Teile,   (F)

  + Teile werden aus einem Bunker zugeführt,   (F)

  + Effektor muß am Roboter angeflanscht werden,   (F)

  + Fügen in Richtung der sechsten Achse des Roboters,   (W)

  + Kraftaufwand für Fügevorgang möglichst gering und   (W)

  + Gewicht des Effektors möglichst niedrig.   (W)

* Betriebsforderungen an die Montageanlage:

  + Verfügbarkeit der Montageanlage über 90%,   (F)

  + Unempfindlichkeit gegen Verschmutzung, Feuchtigkeit usw.   (F)

  + Taktzeit geringer als bei Handmontage,   (F)

  + geringer Wartungsaufwand und   (W)

  + hohe Lebensdauer.   (W)

* sonstige Forderungen:

  + kompakter und einfacher Aufbau des Effektors,   (F)

  + einfacher Aufbau des Zuführsystems,   (F)

  + Einzelanfertigungen vermeiden,   (F)

  + allgemein anwendbare Lösungen erarbeiten,   (W)

  + einfache Herstellung der Einzelteile,   (W)

  + schnelle Inbetriebnahme der Montageanlage und   (W)

  + einfache Umrüstbarkeit.   (W)

3.3 Alternative Funktionsstrukturen (Konzipieren)

3.3.1 Definition der Teilfunktionen

Um einen automatischen Montagevorgang zu verwirklichen, müssen eine Reihe von Handhabungsvorgängen durchgeführt werden. Solche Vorgänge lassen sich in Teilfunktionen zerlegen, wie sie im Entwurf der VDI–Richtlinie 2860 definiert sind /3.2/. Aus diesen Teilfunktionen werden dann Funktionsstrukturen für eine Montagezelle entwickelt. Wie schon eingangs erwähnt, werden hier nur Schüttgüter behandelt; im übertragenen Sinne kann die Vorgehensweise allerdings auch auf andere Güter, wie vormontierte Baugruppen aller Art, angewendet werden.

Für die Erstellung der Funktionsstrukturen im zu untersuchenden Fall genügen die folgenden Teilfunktionen nach VDI–2860 /3.2/:

* BUNKERN ist das Aufbewahren geometrisch bestimmter Körper in einem körperlich abgegrenzten Raum, wobei Orientierung und Position beliebig sind.

* ORDNEN ist das Bewegen von Körpern aus einer unbestimmten in eine vorgegebene Orientierung und Position.

* FÖRDERN ist das Bewegen von Körpern (Fördergut) aus einer beliebigen in eine andere beliebige Position. Während der Bewegung sind weder Bewegungsbahn noch Orientierung der Körper notwendigerweise definiert (VDI–Richtlinie 2411).

* ABTEILEN ist das Bilden von Teilmengen definierter Größe oder Anzahl aus einer Menge. VEREINZELN ist das ABTEILEN mit der Zielmenge 1. PORTIONIEREN ist ein Synonym für ABTEILEN.

* SPEICHERN dient dem Aufbewahren von Vorräten in einer bestimmten Ordnung und Anzahl /3.2/.

* MONTIEREN ist die Gesamtheit aller Vorgänge, die zum Zusammenbau von geometrisch bestimmten Körpern dienen. Dabei kann zusätzlich formloser Stoff zur Anwendung kommen /3.3/.

Nach VDI-Richtlinie 2860 ist die Teilfunktion SPEICHERN der Oberbegriff für geordnetes, teilgeordnetes und ungeordnetes Speichern. Im Sinne der nachfolgenden Verwendung wird SPEICHERN nur als 'geordnetes und/oder teilgeordnetes Speichern'
aufgefaßt. Die Sonderform 'ungeordnetes Speichern' heißt im weiteren BUNKERN.

3.3.2 Darstellung der Funktionsstrukturen in Flußdiagrammen

Mit der Definition der Teilfunktionen sind die notwendigen Schritte eines Montageab-
laufes erfaßt. Doch zur hinreichenden Beschreibung des Teileflusses vom BUNKERN
zum MONTIEREN müssen alle Teilfunktionen einer bestimmten Ordnung folgend ausgeführt werden. Eine gute Darstellung der Kombinationsmöglichkeiten ergibt sich mit
Hilfe von Flußdiagrammen. Sie gestatten, die alternativen Handhabungsabläufe parallel
aufzuzeigen. Um jedoch die mögliche Anzahl der Kombinationen aus den definierten
Teilfunktionen sinnvoll begrenzen zu können, werden folgende Konventionen getroffen:

*   BUNKERN steht immer am Anfang.

*   MONTIEREN steht immer am Ende.

*   Jede Teilfunktion wird nur einmal verwendet.

*   ABTEILEN wird nur in den Sonderformen VEREINZELN und PORTIONIEREN
     benutzt.

*   PORTIONIEREN wird im folgenden als Sonderform von ABTEILEN mit einer
     Zielmenge größer als 1 verwendet.

*   PORTIONIEREN erfolgt immer vor VEREINZELN; die direkte Abfolge PORTIO-
     NIEREN – VEREINZELN sei VEREINZELN.

*   SPEICHERN wird als fakultative Teilfunktion betrachtet; d.h. SPEICHERN ist
     nicht zwingend zur Durchführung des Montagevorgangs notwendig.

*   SPEICHERN steht niemals vor PORTIONIEREN.

*   FÖRDERN beschreibt im folgenden nur das Überwinden der Distanz zwischen den
    stationären und den mittels Industrieroboter bewegten Komponenten der Montage-
    einrichtung.

*   Die Folge SPEICHERN – FÖRDERN läßt zwei Interpretationen zu:
    +   Gut wird mit dem Speicher weitergeleitet (SPEICHERFÖRDERN) und
    +   Gut wird zwischengelagert (PUFFERN).

Über die getroffenen Konventionen hinaus ist noch folgendes zu beachten:

*   Ein Kasten beinhaltet eine Teilfunktion (Abb. 3.2).

*   Jeder Pfad in Abb. 3.2 stellt für sich eine mögliche Funktionsstruktur des Handha-
    bungsprozesses dar; dabei stellen die gestrichelten Linien also Alternativen dar (kei-
    ne Verzweigungen).

*   Die aufzuzeigenden Funktionsstrukturen sind allgemeingültig. Eine sinnvolle Aus-
    wahl ergibt sich durch Randbedingungen, wie sie später aufgeführt werden.

*   Aus einer gewählten Funktionsstruktur lassen sich prinzipielle Aussagen über die
    Modulschnittstellen (BUNKER – ZUFÜHRUNG – EFFEKTOR) gewinnen. Ähnli-
    ches gilt für den konstruktiven Aufwand der einzelnen Komponenten.

*   Zwei in Serie geschaltete Teilfunktionen lassen sich fast immer durch Funktionsver-
    einigung auch parallel schalten; sie sind jedoch nicht vertauschbar. Dies gilt umso
    mehr, je mehr Teilfunktionen bereits ausgeführt sind.

Unter Berücksichtigung der o.a. Einschränkungen zeigt Abb. 3.2 die möglichen Funktionsstrukturen zur Realisierung der Black Box in Abb. 3.1. Die abgebildeten Funktionsstrukturen zeigen die Lösungsvielfalt sehr anschaulich auf; doch erscheint diese Darstellungsform hinsichtlich einer Bewertung der einzelnen Funktionsstrukturen noch als zu
kompliziert.

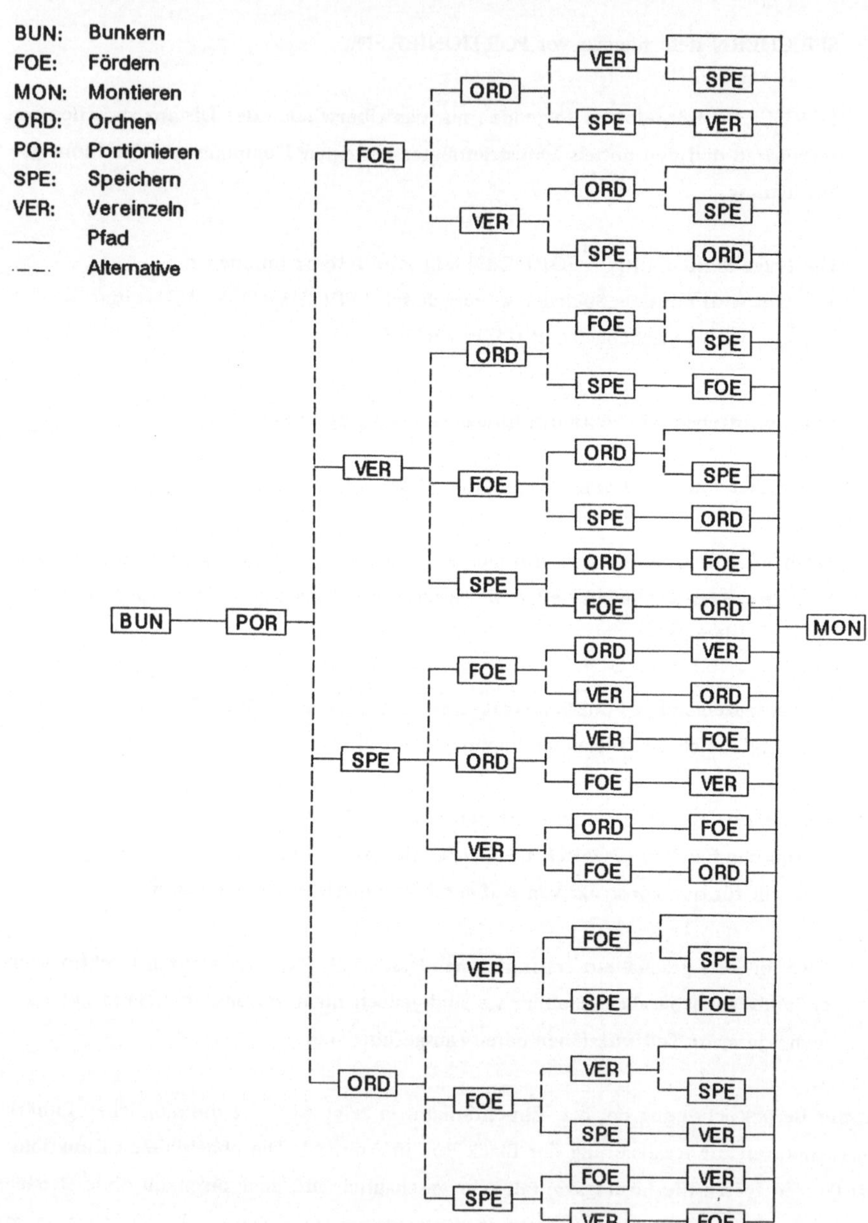

Abb. 3.2 a): Alternative Funktionsstrukturen der Teilfunktionen vom Bunkern bis zum Montieren

18

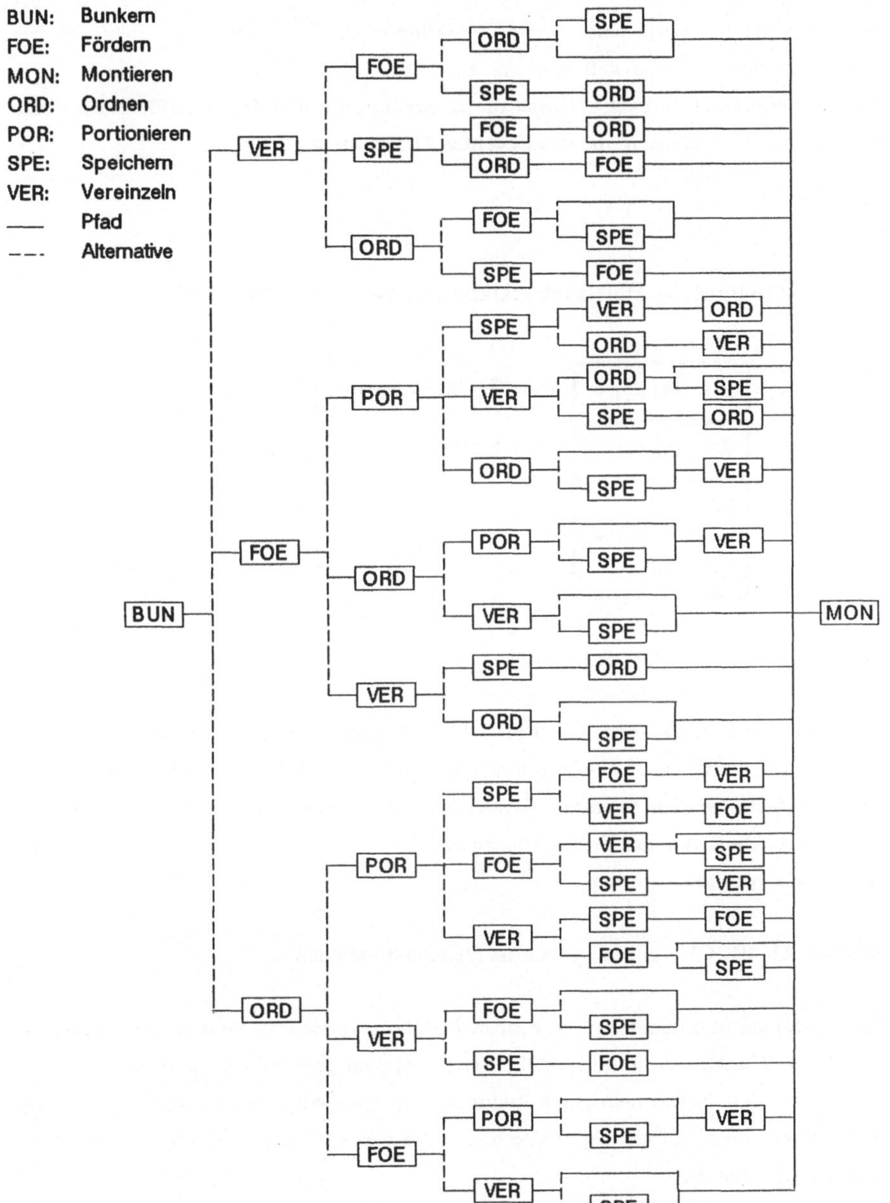

Abb. 3.2 b): Alternative Funktionsstrukturen der Teilfunktionen vom Bunkern bis zum Montieren

Da es zu aufwendig ist, jede einzelne Funktionsstruktur zu bewerten, ergibt sich die Forderung nach einer Darstellungsform, die bessere Bewertungsmöglichkeiten bei gleicher Lösungsvielfalt aufweist. Durch die Darstellung in 'SEKTORTAFELN' wird eine Möglichkeit vorgeschlagen, die den gestellten Forderungen genügt.

3.3.3 Bewertung der Funktionsstrukturen mit Hilfe von Sektortafeln

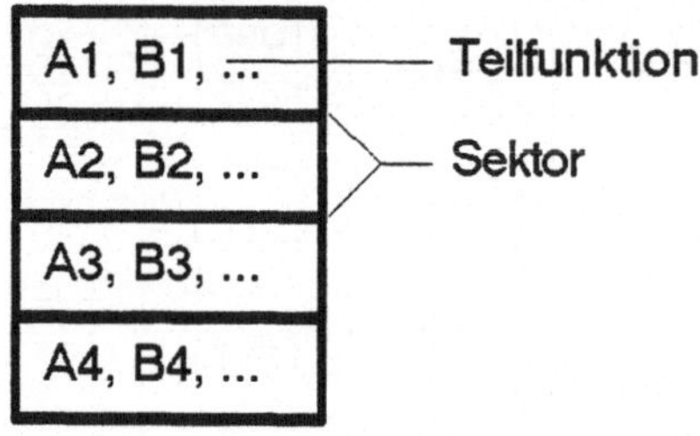

Abb. 3.3:   Aufbau einer Sektortafel

Jede Tafel (Abb. 3.3) unterteilt sich in mehrere Sektoren, die die einzelnen Teilfunktionen Ai, Bi,... enthalten. Die Sektoren müssen ihrer Reihenfolge nach von oben nach unten abgearbeitet werden. Sektoren dürfen nicht untereinander vertauscht werden. Alle in einem Sektor befindlichen Teilfunktionen Ai,Bi,... lassen sich beliebig kombinieren und müssen alle verwendet werden.

Beispiel: A1, B1, C1 ergibt sechs alternative Kombinationen.

Teilfunktionen in Klammern '( )' können fakultativ verwendet werden. Jede Kombination der Teilfunktionen in einem Sektor stellt für sich gesehen eine mögliche Eingangsvariante für den nächst niedrigeren Sektor dar. So kann jeder Sektor als Black Box gesehen werden, deren Eingangsgröße sich als eine der Varianten aus den übergeordneten Sektoren ableiten läßt.

o   <u>Konkrete Anwendung</u>

Sämtliche für die Flußdiagramme getroffenen Vorbemerkungen werden auch für die Sektortafeln herangezogen. Insbesondere sei jedoch darauf hingewiesen, daß es unisnnig ist, direkt nach dem BUNKERN zu SPEICHERN. Da im ersten (obersten) Sektor immer BUNKERN steht, kann also im zweiten Sektor nicht SPEICHERN folgen. Außerdem geshieht das PORTIONIEREN immer vor dem VEREINZELN.

TAFEL I

| BUNKERN |
| ORDNEN |
| FöRDERN |
| PORTIONIEREN |
| VEREINZELN |
| (SPEICHERN) |
| MONTIEREN |

TAFEL II

| BUNKERN |
| PORTIONIEREN |
| FöRDERN |
| ORDNEN |
| VEREINZELN |
| (SPEICHERN) |
| MONTIEREN |

TAFEL III

| BUNKERN |
| PORTIONIEREN |
| ORDNEN |
| FöRDERN |
| VEREINZELN |
| (SPEICHERN) |
| MONTIEREN |

TAFEL IV

| BUNKERN |
| VEREINZELN |
| ORDNEN |
| FöRDERN |
| (SPEICHERN) |
| MONTIEREN |

Abb. 3.4:   Sektortafeln I bis IV

Eine Tafel beinhaltet einer bestimmten Ordnung unterliegende Funktionsstrukturen, kann also nicht alle Möglichkeiten erfassen. Es ist nicht auszuschließen, daß sinnlose Funktionsstrukturen entstehen. Im Sinne der besseren Bewertbarkeit stellt dies allerdings keinen Nachteil dar. Angewandt auf die Funktionsstrukturen aus Abb. 3.2 ergeben sich die vier Sektortafeln in Abb. 3.4, wobei keine Tafel Funktionsstrukturen einer anderen Tafel beinhaltet.

o   <u>Bewertung der Sektortafeln</u>

Die einzelnen Teilfunktionen beeinflussen sich gegenseitig, d.h. eine schon ausgeführte Teilfunktion kann z.B. die Ausführung der nächstfolgenden vereinfachen. Die Reihenfolge ihrer Durchführung wirkt sich auf die ganze Anlage aus. Diese Interdependenzen lassen sich abstrakt so formulieren:

*   Je früher die Teilfunktion FÖRDERN erfolgt, um so mehr muß im Effektor umgesetzt werden, da die Klipse sich nach dem Fördern schon im Effektor befinden. Das heißt, daß der Effektor bei frühem Fördern aufwendig und schwer wird.

*   Ein frühes ORDNEN erspart komplizierte Handhabungen. Das Prinzip der frühest möglichen Ordnung ist somit anzustreben.

*   Im Einzelfall kann ein VEREINZELN vor dem FÖRDERN, wie auch nach dem FÖRDERN günstig sein; je nach Taktzeit, Fügeanzahl, Speicherung etc.

*   In der Regel steigt der Aufwand für die Bauelemente mit der Anzahl der Teilfunktionen. Es muß berücksichtigt werden, daß die Teilfunktion MONTIEREN einen komplexen Vorgang beschreibt, was eine hohe Anzahl bewegter Elemente im Effektor zur Folge hat. Daraus ergibt sich die Forderung, möglichst wenige Teilfunktionen im Effektor umzusetzen.

*   Funktionsvereinigungen durch parallel ausgeführte Teilfunktionen verringern den Bauaufwand der gesamten Anlage.

*   SPEICHERN soll in erster Linie als Alternative zu einer direkten Zuführung gese-

hen werden, die hierfür eine unabhängige Komponente beinhaltet. Bei der indirekten Zuführung dagegen muß der Industrieroboter die zu montierenden Teile holen. Es ist zu berücksichtigen, daß der Bunker stationär ist, der Effektor dagegen zum Wirkort gefahren wird.

* Das Zuführsystem bzw. das FÖRDERN soll möglichst einfach, flexibel, zeit- und platzsparend sein. Da der Zeitaufwand für die einzelnen Teilschritte stark vom verwendeten physikalischen Prinzip abhängt, kann die Zeit an dieser Stelle noch nicht als Kriterium herangezogen werden.

Aus den Vorüberlegungen leiten sich fünf wesentliche Bewertungskriterien für die Sektortafeln ab. Diese stehen in einer festgelegten Wertigkeit zueinander. Dabei sind die Werte in Prozent vom Gesamtwert angegeben; die Gewichtung selbst ist willkürlich festgelegt. Diese Kriterien dienen als Grundlage für die spätere Bewertung der Sektortafeln (s.u.).

Bewertungskriterien:

1. ORDNEN ist vor FÖRDERN durchzuführen : (30 %)

2. ORDNEN ist möglichst früh durchzuführen : (25 %)

3. FÖRDERN ist möglichst spät durchzuführen : (25 %)

4. Funktionsvereinigungen sind denkbar : (10 %)

5. Zuführung (FÖRDERN) ist möglichst klein (3%),
   flexibel (5%) und einfach (2%) zu gestalten : (10 %)

Die große Bedeutung, die der Reihenfolge vom Ordnen und Fördern beigemessen wird, läßt sich durch die oben erläuterten Abhängigkeiten erklären. Als Grundlage für die folgende Bewertung nach den angeführten Kriterien dient die Nutzwertanalyse nach VDI-Richtlinie 2212. Für jedes Bewertungskriterium werden Punkte verteilt, wobei fünf Punkte der besten und ein Punkt der schlechtesten Bewertung entsprechen. Abb. 3.5 zeigt die entsprechenden Bewertungstabellen für die Sektortafeln I bis IV der Abb. 3.4.

TAFEL I

Bewertungs-kriterium	1	2	3	4	5		
absolutes Gewicht	0,3	0,25	0,25	0,1	0,1		
relatives Gewicht	1	1	1	1	0,3	0,5	0,2
Zielwert	4	5	3	3	2	1	1
Nutzwert	1,2	1,25	0,75	0,3	0,06	0,05	0,02
Gesamtnutzwert					3,63		

TAFEL II

Bewertungs-kriterium	1	2	3	4	5		
absolutes Gewicht	0,3	0,25	0,25	0,1	0,1		
relatives Gewicht	1	1	1	1	0,3	0,5	0,2
Zielwert	1	3	2	3	3	4	5
Nutzwert	0,3	0,75	0,5	0,3	0,09	0,2	0,1
Gesamtnutzwert					2,24		

TAFEL III

Bewertungs-kriterium	1	2	3	4	5		
absolutes Gewicht	0,3	0,25	0,25	0,1	0,1		
relatives Gewicht	1	1	1	1	0,3	0,5	0,2
Zielwert	5	5	5	3	3	3	4
Nutzwert	1,5	1,25	1,25	0,3	0,09	0,15	0,08
Gesamtnutzwert					4,57		

TAFEL IV

Bewertungskriterium	1	2	3	4	5		
absolutes Gewicht	0,3	0,25	0,25	0,1	0,1		
relatives Gewicht	1	1	1	1	0,3	0,5	0,2
Zielwert	4	4	4	5	3	3	4
Nutzwert	1,2	1	1	0,5	0,09	0,15	0,08
Gesamtnutzwert					4,02		

Abb. 3.5:   Bewertung der Sektortafeln I bis IV

o   <u>Kommentierung der Wertetabellen</u>

Zusammenfassung der Resultate:

Tafel	I :	3,63 Punkte
Tafel	II :	2,24 Punkte
Tafel	III :	4,57 Punkte
Tafel	IV :	4,02 Punkte

Tafel II erreicht die niedrigste Punktzahl mit 2,24 Punkten, obwohl die gleiche Anzahl an Kombinationsmöglichkeiten wie bei Tafel III vorliegt (16 Möglichkeiten). Dies liegt an der mangelhaften Erfüllung des Prinzips der frühest möglichen Ordnung, was zu einem unnötigen konstruktiven Aufwand im Effektor führt.

Tafel IV erreicht mit 4,02 Punkten eine relativ hohe Punktzahl. Darin zeigt sich die Verwandtschaft zu Tafel III. Nur die maximale Anzahl der möglichen Funktionsstrukturen ist durch die Variation des PORTIONIERENS eingeschränkt. Die Folge davon ist eine Einschränkung der Flexibilität und somit die etwas schlechtere Bewertung.

Tafel I läßt zwar ein frühes ORDNEN zu, doch das frühe FÖRDERN zieht zwangsläufig einen Mehraufwand für den Effektor nach sich. Weiterhin ist in dieser Tafel nur ein kontinuierliches FÖRDERN möglich. Daraus erwächst die Forderung nach einer Hin-

und Rückführung der Teile zum Wirkort, die dort jeweils erst ausgeschleust werden. Neben dem baulichen Aufwand kommt es zusätzlich zu einer Mehrfachhandhabung des Fördergutes.

Tafel III erreicht die höchste Punktzahl mit 4,57 Punkten. Damit wird nur Tafel III einer näheren Betrachtung unterzogen.

3.3.4   <u>Analyse und Bewertung der Funktionsstrukturen der Tafel III</u>

In Abb. 3.6 sind alle Kombinations- und Variationsmöglichkeiten der Tafel III anschaulich aufgezeigt. Es ergeben sich 16 (2 x 8) Kombinationsmöglichkeiten. Der Faktor 2 erklärt die maximale Anzahl der Kombinationen der ersten Ebene aus ORDNEN und PORTIONIEREN (Äste a u. b). Der Faktor 8 gibt die maximale Anzahl der Kombinationen der zweiten Ebene aus VEREINZELN, FÖRDERN (und SPEICHERN) (Äste 1 bis 8) unter Berücksichtigung der unter Kapitel 3.2.2 getroffenen Voraussetzungen an. Die Reihenfolge der Teilfunktionen ORDNEN und PORTIONIEREN bedingt die Wahl des zu verwendenden Bunkers und der daraus resultierenden Schöpf- bzw. Fördermöglichkeit.

Ast 1 ergibt eine weniger sinnvolle Lösung, da nach dem portionierten FÖRDERN ein VEREINZELN nur auf zwei Arten möglich ist:

1. SPEICHERN der Portion in einem Speicher, dann VEREINZELN.

2. Entnehmen eines einzigen Teiles aus der Portion bei Rück- bzw. Weiterleitung der übrigen Teile.

Die erste Möglichkeit ist nicht in Ast 1 eingeschlossen, da ein SPEICHERN vor dem VEREINZELN nicht möglich ist; entspricht ansonsten aber Ast 4.

Die zweite Möglichkeit hat zwei Konsequenzen :
+ aufwendige Zu-, Ab- und Weiterführung und
+ mehrfache Handhabung eines Teiles.

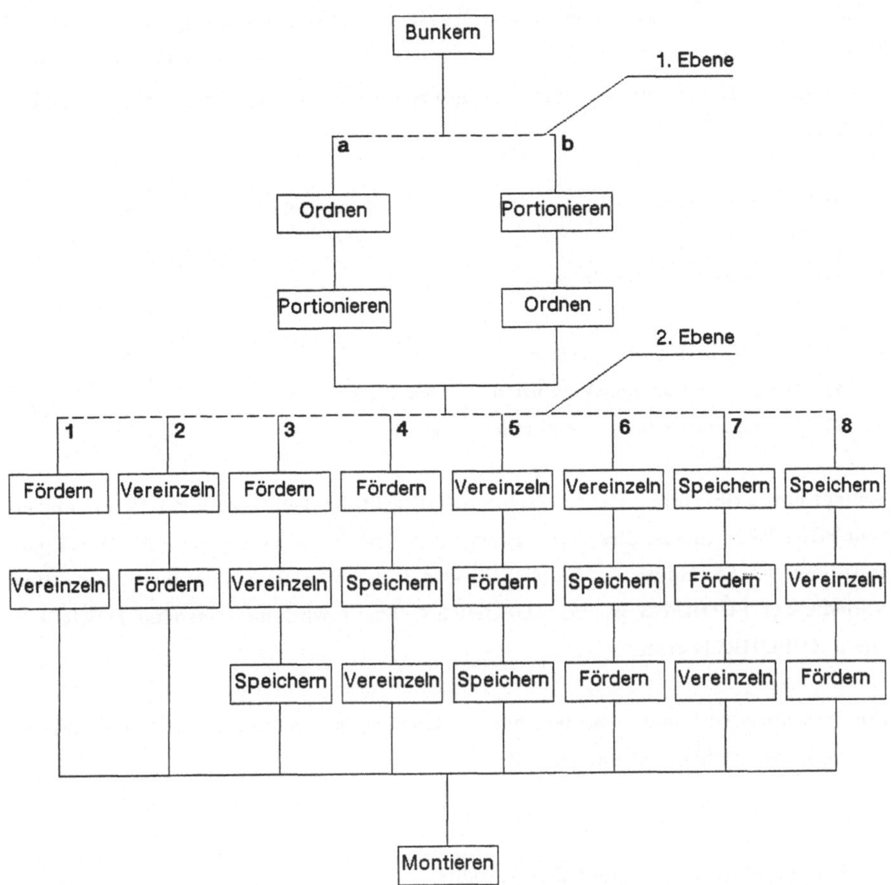

Abb. 3.6:   Alternative Funktionsstrukturen der Sektortafel III

Somit wird Ast 1 keiner weiteren Betrachtung unterzogen. Dasselbe trifft für den Ast 3 zu, wo zusätzlich ein Speicher im Effektor erforderlich ist.

Eine diskontinuierliche Form des Astes 2 ist der Ast 8, da das SPEICHERN in Ast 8 nur als Puffer dient. Somit stellt dieser Ast keine alternative Funktionsstruktur dar.

Ast 5 läßt zwei Interpretationen zu. Zum einen kann dieser Ast ähnlich wie Ast 8 als diskontinuierliche Form des Astes 2 angesehen werden. Nur liegt der Puffer dann im

Bereich des Effektors. Zum anderen stellt dieser Ast die Möglichkeit des Aufmagazinierens im Effektor dar. Diese Alternative bedingt aber einen zusätzlichen mechanischen
Aufwand im Effektor, der aus Platz- sowie Betriebssicherheitsgründen nicht akzeptabel
erscheint.

Die verbleibenden Äste der zweiten Ebene lassen sich wie folgt zusammenfassen:

1. Systeme ohne bewegten Speicher: Ast 2

2. Systeme mit bewegtem Speicher
    a) Systeme mit spätem Vereinzeln: Ast 4 und 7
    b) Systeme mit frühem Vereinzeln: Ast 6

Bedingt durch die Hierarchie der Sektortafel III geht die Teilfunktion ORDNEN immer
dem FÖRDERN voraus, dies ergibt zwangsweise immer ein geordnetes FÖRDERN und
entspricht der Definition des FÜHRENS gemäß der VDI-Richtlinie 2860 /3.2/. Eine
Variante des FÜHRENS ist das ZUFÜHREN. Somit wird im folgenden FÖRDERN
durch ZUFÜHREN ersetzt.

Die verbleibenden Funktionsstrukturen, mit denen ab hier weitergearbeitet wird, sind in
den folgenden Abbildungen dargestellt:

o   <u>Direkte Systeme</u> (ohne bewegten Speicher)

Hier werden die Klipse dem Effektor direkt zugeführt, d.h. ohne eine zusätzliche Einrichtung (Speicher). Der Roboter muß also mit dem Effektor jeden Klips einzeln abholen oder sie werden z.B. durch einen Schlauch per Druckluft dem Effektor zugeschossen
(s. Prinzipskizze in Kap. 2, Abb. 2.2). Die direkte Zuführung stellt die technisch einfachste Lösung dar; es werden nur wenig Einzelelemente benötigt. Außerdem können
beliebig viele Klipse ohne große Unterbrechung an einem Bauteil montiert werden.

Bei Verwendung eines Zuführschlauches kann sehr schnell montiert werden, da es denkbar ist, das Zuführen des nächsten Klipses schon während des Montierens des vorhergehenden zu starten. Es bleibt der Nachteil, den Zuführschlauch vom festen Bunker zum bewegten Effektor immer mitführen zu müssen, was eine Kollisionsgefahr darstellt.

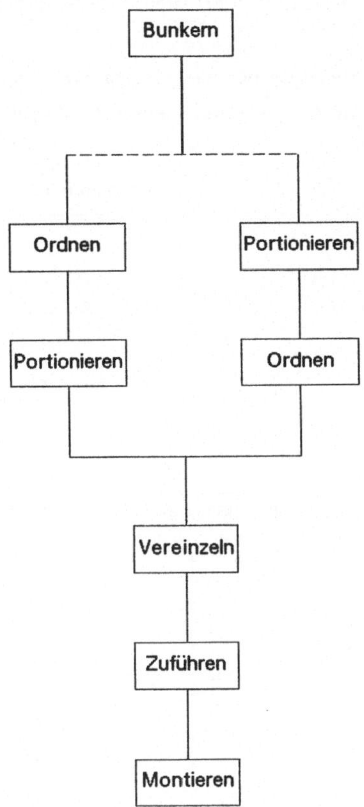

Abb. 3.7:   Ast 2: Direkte Systeme

o   <u>Indirekte Systeme</u> (mit bewegtem Speicher)

Die Literatur verwendet für die körperliche Form des Speichers den Begriff des Magazins. Durch Zusätze, wie z.B. Schacht oder Palette, werden diese Magazine näher beschrieben. Diese Beschreibung ist nicht ganz korrekt, denn genau genommen muß man
zwischen zwei unterschiedlichen Speicherformen (nicht Magazinformen) unterscheiden.

Magazinspeicher :   definierte Speicherplätze, die einzeln belegt werden und auf die
                    einzeln zugegriffen wird (z.B. Bierkasten, Palettenmagazin);

Nachrückspeicher: definierte Zugriffsstelle, zu der nach jedem Entnehmen ein neues
                    Teil nachgeführt wird (z.B. Zigarettenautomat, Minenbleistift).

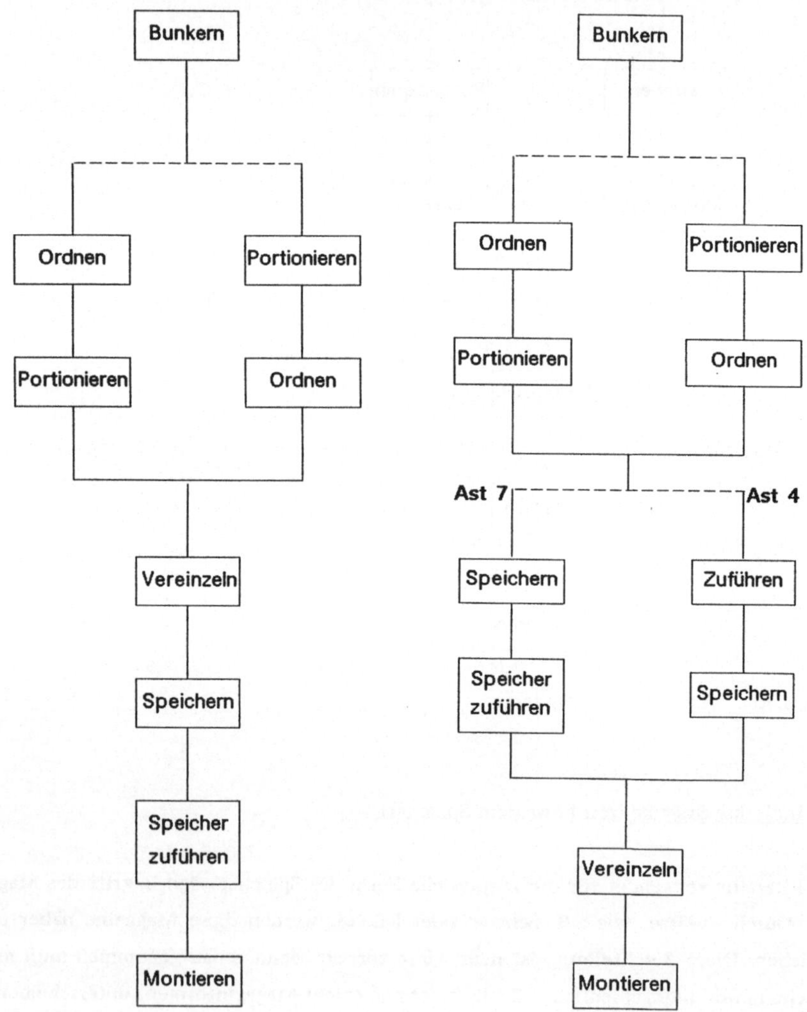

Abb. 3.8:   Ast 6: 1: Magazinspeichersysteme   2: Nachrückspeichersysteme

Abb. 3.8 zeigt die Funktionsstrukturen für Systeme mit früher Vereinzelung (Magazinspeichersysteme, Variante 1) und für Systeme mit später Vereinzelung (Nachrückspeichersysteme, Variante 2).

Ein großer Vorteil der indirekten Systeme besteht darin, daß eine sehr schnelle Monta-
gefolge möglich ist, ohne daß eine feste Verbindung zwischen Teilebunker und Effektor
besteht. Es können mehrere Speicher Verwendung finden, die im Wechsel eingesetzt
werden. D.h. ein Speicher wird gefüllt, während parallel ein zweiter am Wirkort entleert
wird. Beide Möglichkeiten sind Teil der Funktionsstrukturen, können aber nicht explizit
als Teilfunktionen wie z.B. SPEICHERTAUSCHEN verwendet werden, da sich die
Funktionsstrukturen nur auf den Materialfluß des zu montierenden Gutes, nicht aber
auf Hilfseinrichtungen beziehen.

Die Baugröße des Magazins wirkt sich allerdings nachteilig auf die Bewegungsfreiheit
des Roboters aus, daher ist auch die Anzahl der Magazinplätze begrenzt. Der Effektor
besteht aus relativ vielen Einzelelementen, was die Verfügbarkeit einschränkt. Weiter ist
ein Magazin hier eine Einschränkung der Stückzahlflexibilität. Es ist mit Aufwand verbunden, Bauteile mit unterschiedlichen Anzahlen an Klipsen zu montieren. Vor allem
tritt ein erheblicher Zeitverlust auf, wenn Klipse an Bauteilen montiert werden müssen,
deren Klipsbohrungen die Anzahl der Magazinplätze überschreitet. In diesem Fall müßte
ein Magazintausch oder Auffüllen stattfinden, während sich das Bauteil an der Montagestation befindet. Daher werden im folgenden vorrangig Systeme mit direkter Zuführung nach Abb. 3.7 untersucht.

3.4 Entwicklung von Wirkprinzipien (Konzipieren)

Im vorigen Kapitel 'Funktionsstrukturen' ist der Versuch unternommen worden, Monta-
geabläufe von Schüttgütern und, im übertragenen Sinne, von vormontierten Baugruppen
zu analysieren. Dazu wurden Teilfunktionen zur Beschreibung der Einzelschritte definiert sowie Systeme klassifiziert, die sinnvolle Abläufe der einzelnen Teilfunktionen
wiedergeben. Dies zusammen zeigt auf, was zur Umsetzung der Black-Box gemäß Abb.
3.1 erforderlich ist. Jetzt müssen Wirkprinzipien zur Umsetzung der Teilfunktionen er-

arbeitet werden (Abb. 3.9). Dies soll kurz am Fallbeispiel der Klipse erläutert werden.

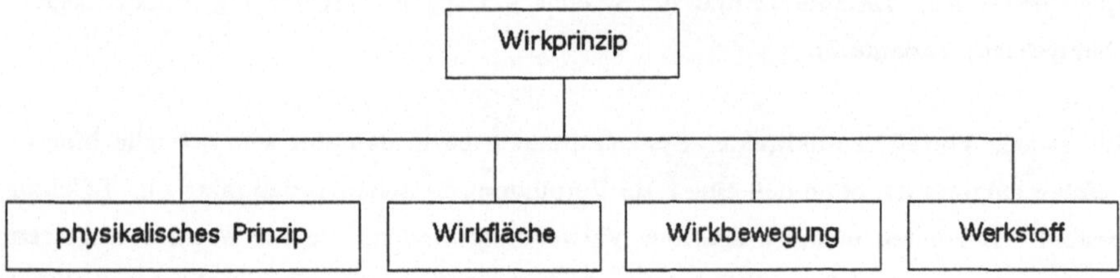

Abb. 3.9:   Wirkprinzip

Dazu gilt es zu untersuchen, welches physikalische Prinzip zur Realisierung der jeweiligen Teilfunktion geeignet ist. Die Erfüllung der Funktion bei Anwendung des physikalischen Prinzips wird von Wirkflächen und Wirkbewegungen erzwungen. Erst die Gemeinschaft von physikalischem Prinzip, Wirkfläche, Wirkbewegung und Werkstoff läßt das Wirkprinzip (Abb. 3.9) sichtbar werden /3.1/.

Alle erdenklichen Möglichkeiten aufzulisten ist überflüssig. Statt dessen bietet eine sinnvolle Zwischenauswahl eine überschaubare Lösungsvielfalt. Hier wird beispielhaft die Teilfunktion MONTIEREN näher untersucht, da sie die größte Bedeutung für den Arbeitsablauf hat. Die Wirkprinzipien für die anderen Teilfunktionen sind in analoger Weise zu erarbeiten. In Verbindung mit der Geometrie der Klipse ergeben sich daraus Randbedingungen und Forderungen an alle vorgeschalteten Teilfunktionen.

Schon in der Definition (Kap. 3.2.1) zeigt sich die Komplexität der Teilfunktion Montieren. Daher ist eine nähere Betrachtung notwendig. Es ergibt sich eine Unterteilung in vier Unterfunktionen nach VDI-Richtlinie 2860 /3.2/:

HALTEN: Vorübergehendes Sichern eines Körpers in einer bestimmten Orientierung und Position.

LÖSEN: Umkehrung des HALTENS.

POSITIONIEREN: Bewegen eines Körpers aus einer unbestimmten in eine vorgegebene Position.

FÜGEN: Dauerhaftes Verbinden mehrerer Körper oder von Körpern mit
                  formlosem Stoff (vgl. DIN 8580).

Für das Montieren sind zwei verschiedene Funktionsstrukturen für die Unterfunktionen denkbar (Abb. 3.10). Gemäß den Vereinbarungen für Funktionsstrukturen ist auch hier eine parallele Ausführung mehrerer Unterfunktionen möglich.

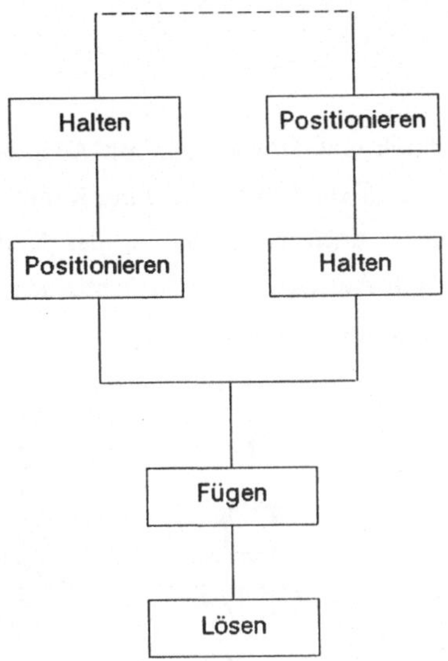

Abb. 3.10:   Funktionsstrukturen beim Montieren

Die Aufgabe des Fügens besteht im Eindrücken des Klipses in die Bohrung bis zum Einrasten; es stellt somit das wichtigste Element im Montageprozeß dar. Die Kraft wird auf die Wirkfläche (Abb. 3.11) in Fügerichtung aufgebracht. Die Fügekraft kann durch die folgenden physikalischen Prinzipien sinnvoll erzeugt werden:

+   mechanisch: durch eine vorgespannte Feder oder Gravitation,

+   pneumatisch: durch Unterdruck, Überdruck, Staudruck, Strömung oder

+   elektrisch: durch magnetische Anziehung bzw. Induktion.

Bei der elektrischen Fügekrafterzeugung ist es allerdings erforderlich, Eisenspäne bei der Herstellung in die Klipse mit einzuspritzen, um die Magnetisierbarkeit zu erzeugen.

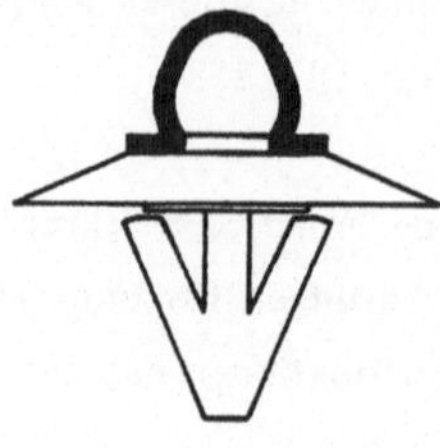

Abb. 3.11:   Wirkflächen

Die Kraftübertragung erfolgt direkt durch eine Druckstange mit Adapter oder indirekt durch die Umwandlung eines Momentes in ein Kräftepaar. Eine Kombination der beiden Möglichkeiten ist ebenfalls denkbar. Auch zur Einleitung der Kraft gibt es verschiedene Möglichkeiten: entweder durch Ausnützen der Coulombschen Reibung (Abb. 3.12 a)) oder durch die Kohäsion fester Körper (Abb. 3.12 b)).

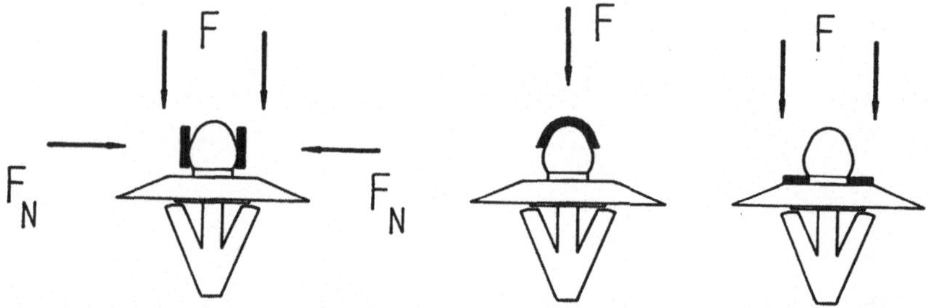

Abb. 3.12:   a) Coulombsche Reibung   b) Druck auf Aufnahmekugel oder Tellerfeder

Alle Prinzipien zur Krafterzeugung, die eine Umwandlung eines (Dreh-) Moments in eine Kraft und somit die Umwandlung einer Dreh- in eine Linearbewegung als Grundlage haben, scheiden aus, da sie der Festforderung eines kompakten, einfachen Effektoraufbaus widersprechen. Denn in diesem Fall wären vermeidbare mechanische Elemente erforderlich. Das Gleiche gilt für alle mechanischen Lösungen: auch sie sind nur sehr umständlich und aufwendig realisierbar.

Die Möglichkeit der Fügekrafterzeugung durch magnetische Anziehung ist nicht akzeptabel, da die handelsüblichen Elektromagnete bei geringen Abmessungen und Gewicht zu geringe Kräfte und Verfahrwege aufweisen. Auch der Staudruck reicht in Verbindung mit der Klipsoberfläche nicht aus, um die nötige Fügekraft zu erzeugen. Die Einleitung der Fügekraft durch das Prinzip der Coulombschen Reibung ist gegenüber den anderen Prinzipien insofern aufwendiger, als dafür eine zusätzliche sehr große Normalkraft erforderlich ist. Daher wird diese Variante nicht weiter verfolgt. Als sinnvolle Lösung bleibt die pneumatische Erzeugung der Fügekraft mit einem Druckluftzylinder. Die Kraft wird über einen Adapter durch Kohäsion fester Körper auf den Klips übertragen.

Beim Halten gilt es, den Klips in einer definierten Position und Orientierung zu sichern, so daß er später gefügt werden kann. Der Klips kann entweder mechanisch durch Spannvorrichtungen oder pneumatisch durch Unter- bzw. Staudruck gehalten werden. Hier bietet sich auf Grund der Einfachheit an, den Klips durch Unterdruck zu halten.

Durch das Positionieren muß der Klips in die vorgegebene Position gebracht und aus dieser Lage dann durch eine Linearbewegung gefügt werden. Das Positionieren läßt sich entweder durch eine mechanische Einspannung erreichen, oder man kann die Tellerfeder als Anlagefläche zur Positionierung verwenden; eine Kombination dieser Möglichkeiten ist ebenfalls realisierbar. Bei Verwendung einer geeigneten Sensorik kann eine genaue Positionierung des Klipses auch durch den Industrieroboter erfolgen.

Das Lösen beschreibt die Umkehrung des Haltens und beinhaltet demnach die Umkehrung von dessen Wirkprinzipien, nämlich das Öffnen der Spannmittel, bzw. das Abschalten des Unterdrucks.

In diesem Kapitel ist eine Planungsmethode für die Entwicklung von flexibel automatisierten Montagezellen vorgestellt worden. Durch die Verwendung von Funktionsstrukturen ließen sich anfangs unüberschaubare Möglichkeiten übersichtlich darstellen. Diese Varianten konnten mit Hilfe einer Nutzwertanalyse auf ein sinnvolles Maß reduziert werden. Als beste Lösung bleiben die Funktionsstrukturen aus den Abb. 3.7 und 3.8 mit dem Prinzip der direkten bzw. der indirekten Zuführung. Aufgrund der erarbeiteten Wirkprinzipien und physikalischen Prinzipien läßt sich nun eine von vornherein begrenzte Anzahl sinnvoller Entwürfe zur Realisierung einer Klipsmontagezelle entwickeln.

4 Entwurf einer Montagezelle für Schnellbefestiger

4.1 Übersicht

Aufgrund der Ergebnisse aus dem vorangehenden Kapitel über Funktionsstrukturen, Wirkprinzipien und physikalischen Prinzipien läßt sich der Entwurf einer Montagezelle effizient durchführen. Ein Entwurf ist die graphische Darstellung von Gestalt und Anordnung der Elemente eines zu entwickelnden Produkts /4.1/. Die Lösungen, die sich aus den dargestellten Wirkprinzipien und physikalischen Prinzipien ergeben, werden dabei konkretisiert. Aufgrund der Entwürfe ergibt sich das Bild eines technischen Systems, das beurteilbar und bewertbar ist.

Zwischen dem Entwurf für den Effektor und die Zuführung bestehen starke Wechselwirkungen. Durch die Entscheidung für einen Entwurf der Zuführung ist anschließend der Effektor nahezu festgelegt und umgekehrt. Hier wird dem Ablauf der Montageanlage entsprechend zuerst auf die Zuführung und dann auf den Effektor eingegangen. Da beim Effektor nicht alle Komponenten gleich stark von der Zuführung beeinflußt sind, wird der Entwurf nicht für den Effektor insgesamt, sondern für seine einzelnen Teilfunktionen duchgeführt. Daraufhin lassen sich dann sinnvolle Kombinationen entsprechend der verbleibenden Funktionsstrukturen aus dem vorhergehenden Kapitel auswählen. Zur besseren Vergleichbarkeit werden in einer Zusammenfassung die bisherigen Entwürfe sinnvoll kombiniert und ihre wesentlichen Merkmale dargestellt und bewertet.

4.2 Entwerfen von Zuführungen

4.2.1 Schlauchzuführung

Der Schlauch verbindet den Effektor mit der Bereitstellungseinrichtung. Dadurch wird eine hohe Zuführgeschwindigkeit bei gleichzeitiger Flexibilität gewährleistet. Die maximale Bewegungsfreiheit des Industrieroboters wird allerdings eingeschränkt, denn ein Zuführschlauch ist nur bedingt flexibel. Zu enge Radien führen zu einem Verklemmen der Teile im Schlauch.

Die Teile werden einzeln mit Druckluft befördert. Bei Teilen mit schlechter Führungsstabilität entlang der Längsachse, wie es bei den meisten Klipsen der Fall ist, muß ein
profilierter Zuführschlauch (Abb. 4.1) eingesetzt werden; ansonsten kann ein normaler
Rundschlauch (Abb. 4.2) für die Zuführung Verwendung finden.

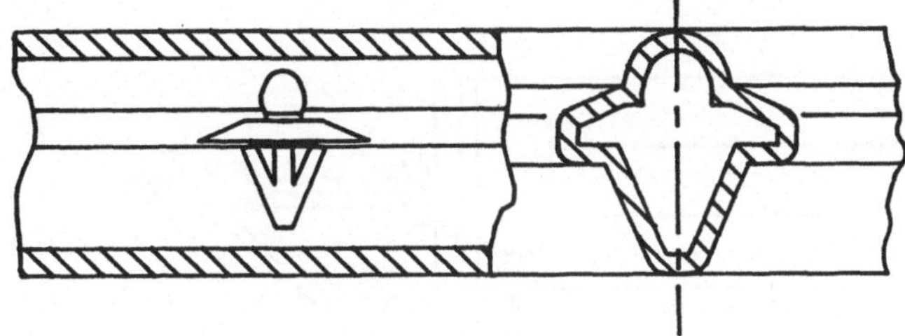

Abb. 4.1:   Profilschlauch

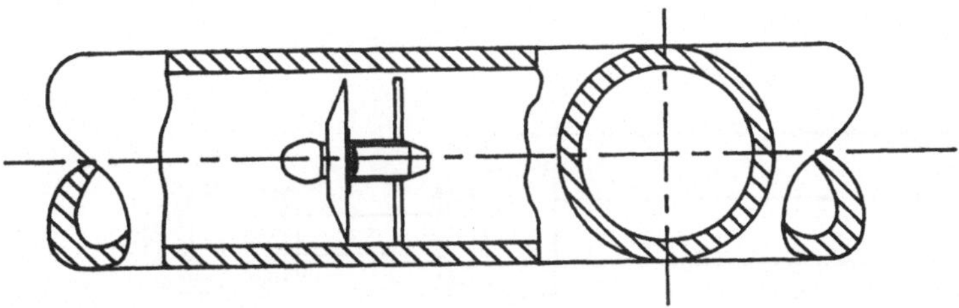

Abb. 4.2:   Rundschlauch

Beim Einsatz eines Rundschlauches ist stetiges oder portionsweises Zuführen möglich.
Das physikalische Prinzip für portionsweises Zuführen ist die Kohäsion fester Körper.
Die Verwendung eines Profilschlauches läßt ein portionsweises Zuführen in der Praxis
meist nicht zu, da dies normalerweise zum Verklemmen der Teile im Schlauch führt.
Denn die sehr flachen Tellerfederenden neigen dazu, sich übereinanderzuschieben und
verklemmen sich so gegenseitig im Schlauchprofil.

4.2.2   Zuführung durch Effektor und Industrieroboter

In dieser Variante existiert keine feste Verbindung vom Effektor zur Bereitstellungseinrichtung. Das ermöglicht einerseits die größtmögliche Bewegungsfreiheit für den Industrieroboter, läßt aber andererseits nur die Form des diskreten Zuführens zu. Der Robo-

ter positioniert den Effektor so gegenüber der ortsfesten Bereitstellungseinrichtung, daß
die Klipse übergeben werden können und der eigentliche Zuführvorgang durch Bewegung des Roboters ausgeführt wird. Dabei können die Klipse im Effektor durch einen
Sauger (Abb. 4.3) oder durch eine mechanische Halterung (Abb. 4.4) gegriffen werden.

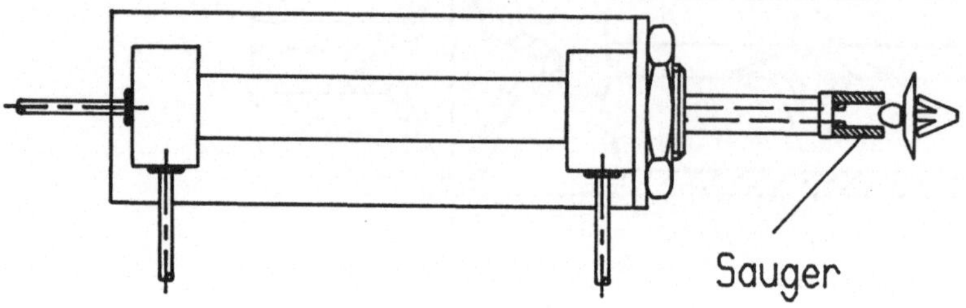

Abb. 4.3:   Sauger

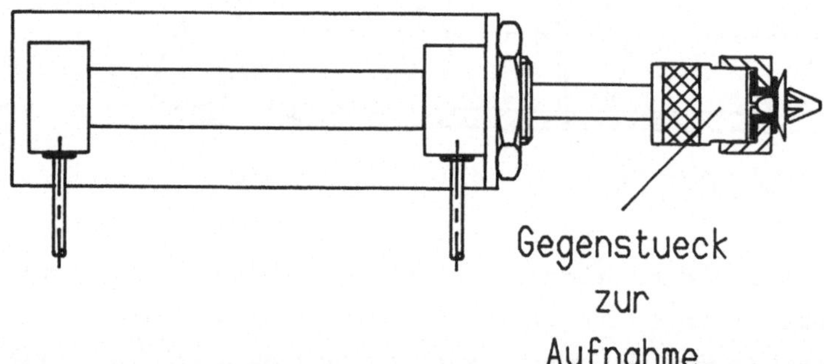

Abb. 4.4:   Klemmvorrichtung

Der Industrieroboter verfährt den Effektor soweit, bis der Klips mit dem Kopf im Effektor angesaugt bzw. eingerastet ist. Oder der Effektor fährt das Fügewerkzeug soweit
aus, bis der Klips aufgenommen werden kann.

Bei Verwendung mehrerer gleicher Einzeleffektoren, die linear hintereinander oder
kreisförmig angeordnet sind, läßt sich im Ergebnis dann doch das portionsweise Zuführ-
ren bei kleinen Taktzeiten verwirklichen. Für einen derartigen Mehrfacheffektor kommen zwei verschiedene Speicherprinzipien in Betracht:

* Festspeicher:

Der Speicher ist fest mit dem Effektor verbunden. Der Effektor muß zur Bereitstellungseinrichtung bewegt werden. Dort wird das Magazin des Effektors beladen, der Industrieroboter wartet bis das Auffüllen beendet ist.

* Wechselspeicher:

Der Effektor legt den leeren Speicher an der Auffülleinrichtung ab und nimmt einen vollen auf. Es kann sofort weitergearbeitet werden, während der leere Speicher aufgefüllt wird. Es müssen also mindestens zwei Speicher im Umlauf sein.

Derartige Speicher haben den Nachteil, daß ihre konstruktive Gestaltung aufwendig ist. Vor allem bei der Zwischenspeicherung der Klipse zur Bereitstellung für den Effektor muß auf einfaches Beladen, Halten und Weitergeben der Klipse geachtet werden. Ausserdem ist die Anzahl der zu montierenden Klipse begrenzt. Damit kristallisiert sich die Zuführung durch Profilschlauch als günstigster Ansatz für eine flexible Lösung heraus.

4.3 Entwerfen von Effektoren

4.3.1   Fügen

Da das MONTIEREN die Hauptaufgabe des Effektors ist, soll zunächst diese Teilfunktion konkretisiert werden. Dabei wird mit der wichtigsten Unterfunktion, dem Fügen, begonnen. Das verbleibende Wirkprinzip basiert auf dem physikalischen Prinzip des Überdrucks. Deren Realisierung ist durch einen Pneumatikzylinder möglich. Als einfachste Möglichkeit erfolgt die Fügekrafteinleitung über die ebene Fläche im Zentrum der Tellerfeder nach dem Prinzip der Kohäsion fester Körper (Abb. 4.5).

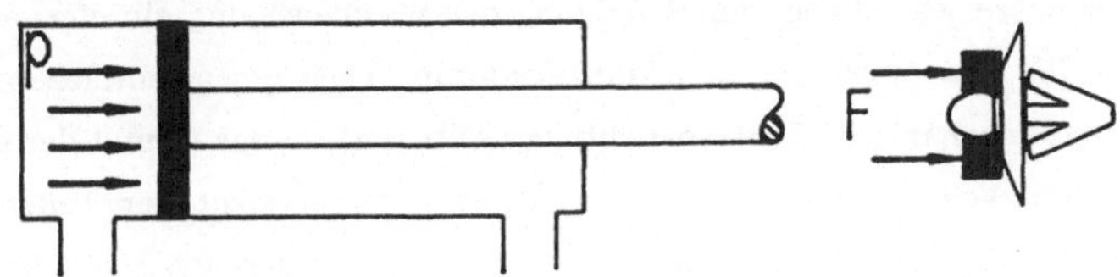

Abb. 4.5:   Fügezylinder

4.3.2 <u>Halten</u>

Die Unterfunktion HALTEN kann auf zwei Arten erfolgen: der Klips kann durch Staudruck im Basisbauteil gehalten werden (Abb. 4.6). Diese sehr einfache Möglichkeit ist
jedoch nur bei Klipsen mit guter Führungsstabilität praktikabel. Ausschließlich diese
Klipse lassen sich über einen Rundschlauch direkt in die Bohrung des Basisbauteils "ein-
schießen".

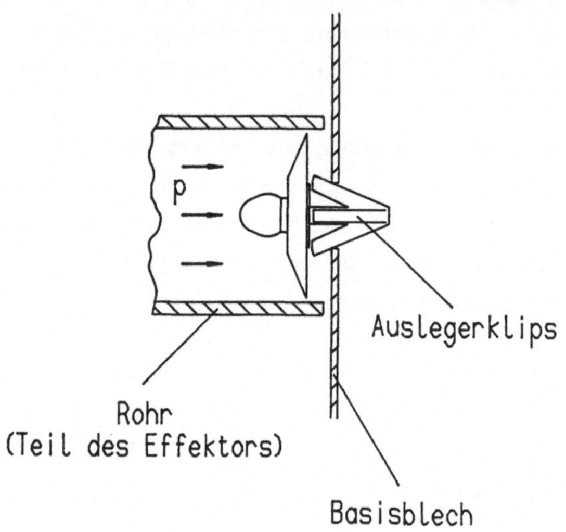

Abb. 4.6:   Halten des Klipses im Blech

Oder der Klips kann im Effektor gehalten werden. Die in Abb. 4.3 und 4.4 aufgezeigten
Möglichkeiten des Ansaugens oder mechanischen Haltens lassen sich zusätzlich mit elastischen Elementen zum passiven Toleranzausgleich erweitern. Beide Teilentwürfe hän-
gen nur unwesentlich von der Art der Zuführung ab.

Alle übrigen Wirkprinzipien für das Halten lassen sich nur mit übermäßigem Aufwand
realisieren. Insbesondere wäre dabei zur Erzeugung der Wirkbewegung ein eigener An-
trieb erforderlich. Sie widersprechen damit der Forderung nach einem einfachen Aufbau. Die betrachtete mechanische Haltevorrichtung (Abb. 4.4) ist auf Grund der einge-
schränkten Zuverlässigkeit (Verschleiß) nicht akzeptabel. Somit stellt der Teilentwurf
des Saugers (Abb. 4.3) die beste Lösung dar.

4.3.3   Positionieren

Das Positionieren im Basisbauteil ist wiederum nur bei Klipsen mit guter Führungsstabilität möglich. Das Positionieren erfolgt dabei durch die kegelförmig ausgebildeten Federschenkel des Klipses, die eine Zentrierung bewirken (Abb. 4.6). In diesem Fall sind für
das Positionieren keine zusätzlich anzufertigenden Teile notwendig. Es besteht eine enge
Beziehung zwischen diesem Lösungseinwurf und der Art der Zuführung.

Da auch das Positionieren im Effektor stark von der Art der Zuführung abhängig ist,
werden nunmehr entsprechend den verschiedenen Zuführungsarten Teileinwürfe für das
Positionieren erarbeitet.

Bei der Profilschlauchzuführung steht die Zuführrichtung senkrecht zur Fügerichtung,
da der Klips im Profilschlauch senkrecht zur Fügerichtung transportiert wird (Abb. 4.1).
Somit ergibt sich der in Abb. 4.7 dargestellte Entwurf zum Positionieren: Die Backen,
die den Klips durch Anlageflächen positionieren, müssen beweglich sein, damit der
Klips anschließend quer zur Zuführrichtung freigegeben und gefügt werden kann.

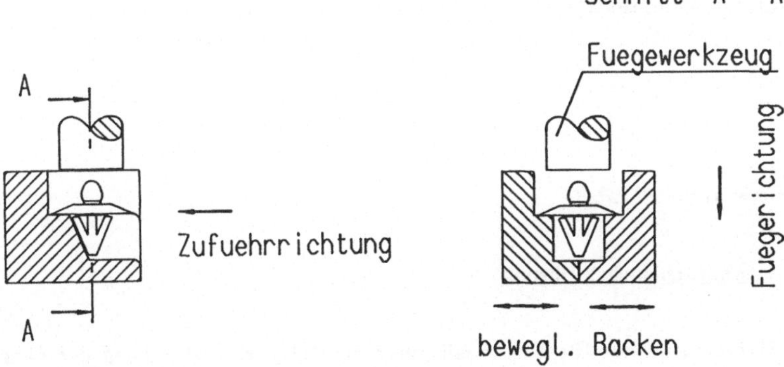

Abb. 4.7:   Positionierung bei Profilschlauchzuführung

Bei der Zuführung der Klipse durch den Effektor des Industrieroboters erfolgt das Positionieren durch das Greifelement im Effektor, der den Klips nach dem Zuführen (Auf-
nehmen) und Halten am Wirkort positioniert. Vorteilhaft ist dabei, daß keine zusätzlichen Einrichtungen nötig sind. Von Nachteil sind die großen Verfahrwege des Roboters
gegenüber den Lösungen mit Schlauchzuführung.

4.3.4   Vereinzeln

Neben dem Montieren muß bei Systemen mit später Vereinzelung im Effektor vereinzelt werden. Dies kann durch eine entsprechende Wippe oder zwei Stifte erfolgen (Abb. 4.8). Ein Vereinzelungsschieber wäre im Effektor zu platzraubend.

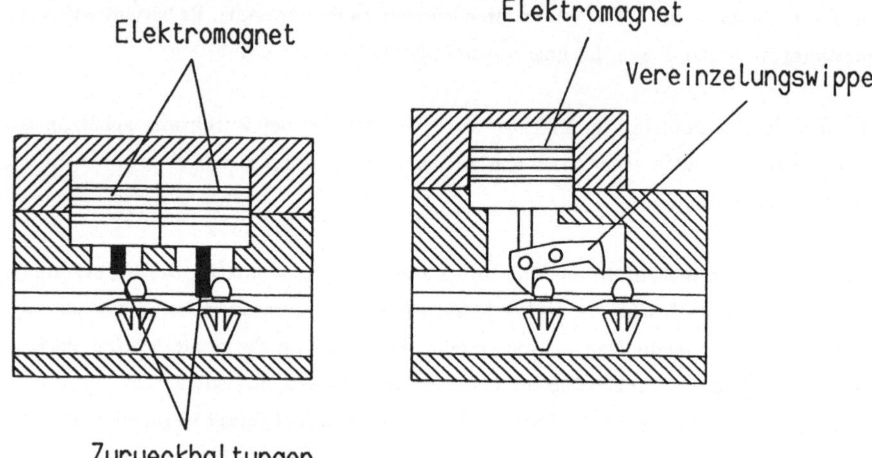

Abb. 4.8:   Vereinzelungswippe und Stifte zur Vereinzelung

4.4 Auswahl der Entwürfe

4.4.1   Rundschlauchzuführung

Diese Systeme sind nur für Klipse mit guter Führungsstabilität entlang der Längsachse geeignet, da die definierte Klipsorientierung sich während des Zuführens nicht ändern darf. Bei Rundschlauchzuführung sind daher bisher angewendete Klipse nicht einsetzbar! Die Klipse benötigen ein Führungselement, damit sie entlang ihrer Längsachse stabil in einem Rundschlauch transportiert werden können. Ein Beispiel für eine solche Führungshilfe ist in Abb. 4.9 dargestellt. Dieses zusätzliche Führungselement schert während des Fügevorgangs von den Klipsfederschenkeln ab und verbleibt zwischen Bauteil und Tellerfeder.

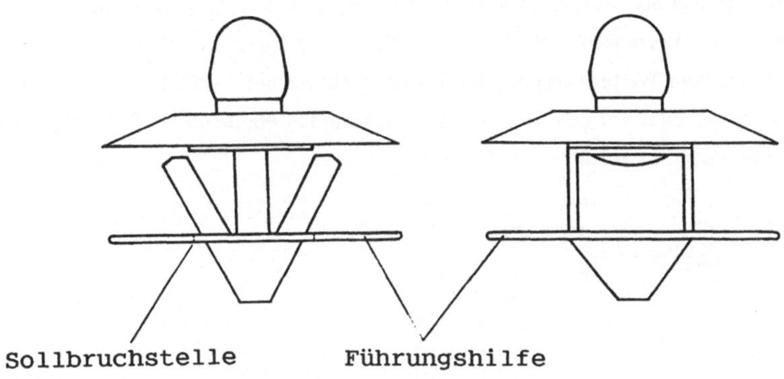

Abb. 4.9:   Klips mit Führungselement

Bei Systemen mit frühem Vereinzeln erfolgt das Bunkern, Ordnen und Vereinzeln stationär z.B. in einem Wendelförderer mit nachgeschaltetem Vereinzelungsschieber. Entsprechend der Funktionsstruktur (Abb. 4.10) erfolgt erst jetzt das Zuführen per Druckluft in einem Rundschlauch, der den Übergang von den stationären Elementen zum bewegten Effektor darstellt. Beim Montieren erfolgt das Halten und Positionieren im Basisblech, wobei das Halten des Klipses durch den Luftstrom aus Düse 2 (Abb. 4.11) unterstützt wird. Der Fügezylinder schiebt beim Ausfahren das bewegliche Rohrelement zur Seite und fügt den Klips. Das Lösen erfolgt automatisch durch Zurückfahren des Zylinders.

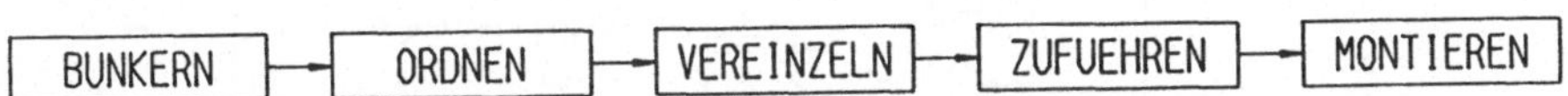

Abb. 4.10:   Funktionsstruktur bei Rundschlauchzuführung mit frühem Vereinzeln

Die Vorteile dieses relativ kleinen Effektors (Abb. 4.11) liegen in dem einfachen Aufbau und dem niedrigen Eigengewicht. Durch das gleichzeitige Halten und Positionieren des Klipses im Bauteil kann die Anzahl an Steuer- und Energieleitungen gering gehalten werden. Als Nachteil bleibt die eingeschränkte Beweglichkeit des Roboters durch den Schlauch.

Bei Systemen mit spätem Vereinzeln erfolgt das Vereinzeln erst nach dem Speichern und Zuführen. Der Rundschlauch ist folglich mit Klipsen gefüllt und dient neben dem Zuführen gleichzeitig als Nachrückspeicher. Das Zuführen erfolgt quasi stetig. Im Effektor muß daher eine Vereinzelungseinrichtung (Abb. 4.8) integriert sein, der eine eigene Druckluftdüse zum Weitertransport der Klipse nachgeschaltet sein muß. Das weitere erfolgt in Analogie zum vorigen Entwurf. Die sich daraus ergebende Funktionsstruktur ist nicht in den bisher ausgewählten enthalten.

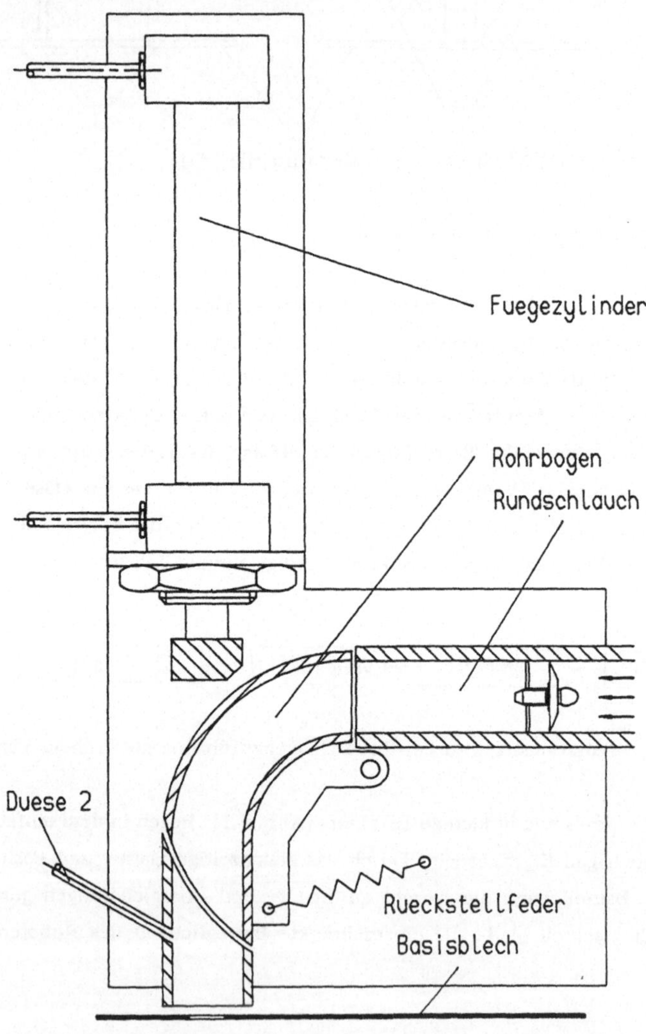

Abb. 4.11: Effektor mit Rundschlauchzuführung und früher Vereinzelung

Abb. 4.12: Funktionsstruktur bei Rundschlauchzuführung als Nachrückspeicher mit spätem Vereinzeln

Gegenüber dem Entwurf mit früher Vereinzelung ist hier zwar der Effektor etwas aufwendiger gestaltet, die Taktzeit pro Klips ist wegen der geringen Zuführstrecke allerdings geringer. Die Zuverlässigkeit für den Weitertransport der Klipse in einem vollständig gefüllten Schlauch ist allerdings fraglich und bedarf einer Prüfung.

4.4.2   Profilschlauchzuführung

Die Funktionsstruktur bei Entwürfen mit Profilschlauchzuführung entspricht der mit Rundschlauchzuführung und frühem Vereinzeln (s. Abb. 4.10). Die Klipse werden auch hier mittels Druckluft durch einen Profilschlauch dem Effektor zugeschossen. In den geschlossenen Backen des Effektors werden die Klipse positioniert. Sodann wird der Klips durch Unterdruck im Sauger gehalten, der durch den Fügezylinder auf den Klips gefahren wird. Nach dem Öffnen der Backen wird der Klips dann durch den Fügezylinder in die Bohrung des Basisbleches gefügt. Das Lösen erfolgt durch Abschalten des Unterdruckes und Zurückfahren des Zylinders. Dieses Prinzip ist in Abb. 4.13 dargestellt.

Bei diesem Entwurf erweist sich als vorteilhaft, daß der Effektor wegen seiner einfachen Bauweise sehr klein und leicht ist. Die Bauhöhe ist wegen der Zuführung senkrecht zur Fügerichtung sogar noch geringer als beim Rundschlaucheffektor mit früher Vereinzelung. Als großer Vorteil gegenüber dem Rundschlauchprinzip erweist sich die Möglichkeit, Klipse mit schlechter Führungsstabilität entlang der Längsachse verwenden zu können, wie sie hauptsächlich verwendet werden. Die Klipse müssen also nicht eigens für die Automatisierung ihrer Montage verändert werden. Die Nachteile eines Zuführschlauches bleiben ebenfalls wie bei der Verwendung eines Rundschlauches.

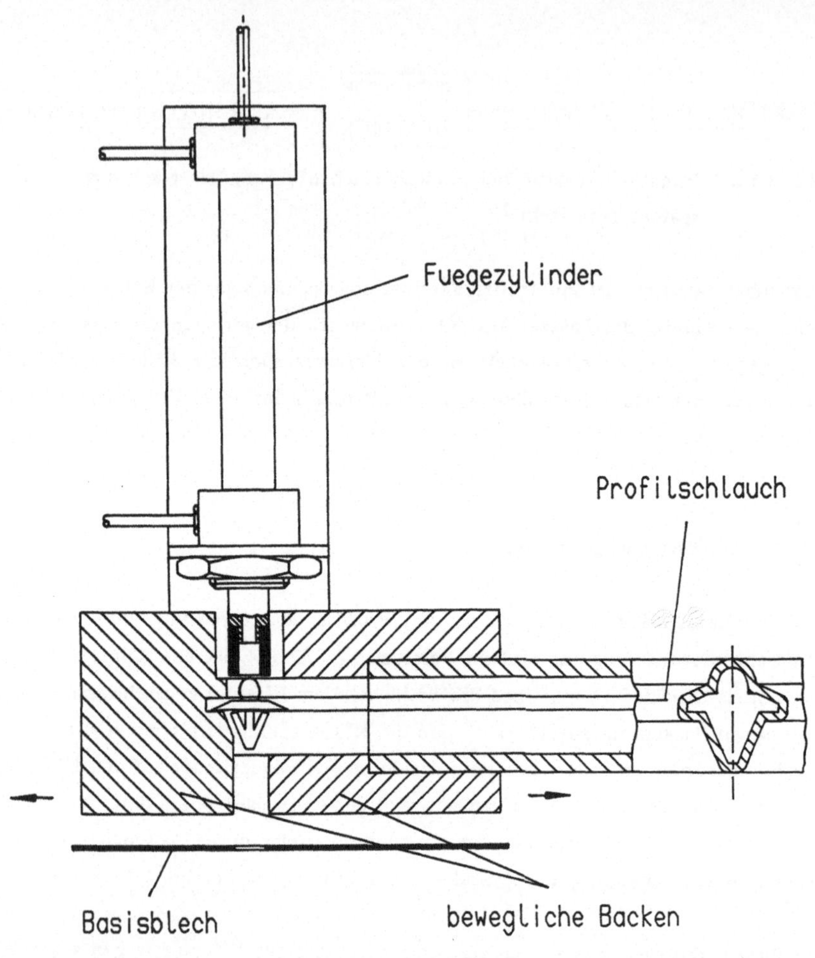

Abb. 4.13:   Effektor mit Profilschlauchzuführung

4.4.3   Effektor – Roboter – Zuführung

Bei dem Prinzip der direkten Zuführung ist im Gegensatz zu den Schlauchentwürfen mit frühem Vereinzeln das Vereinzeln und Zuführen zusammengefaßt (Abb. 4.14). Der Industrieroboter verfährt den Effektor (Abb. 4.15) zur Bereitstellungseinrichtung. Dort erfolgt das Vereinzeln und Zuführen eines Klipses durch Ansaugen. Der Saugkopf des Effektors beeinhaltet ein komplientes System in Form eines elastischen Gummielements und ermöglicht so einen Toleranzausgleich. Das Positionieren erfolgt durch den Roboter. Der anschließende Fügevorgang wird durch den Druckluftzylinder bewerkstelligt.

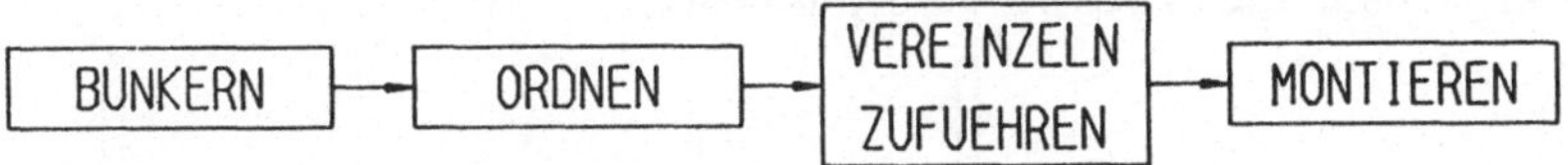

Abb. 4.14: Funktionsstruktur bei Einzeleffektor ohne Schlauch

o   <u>Einzeleffektor</u>

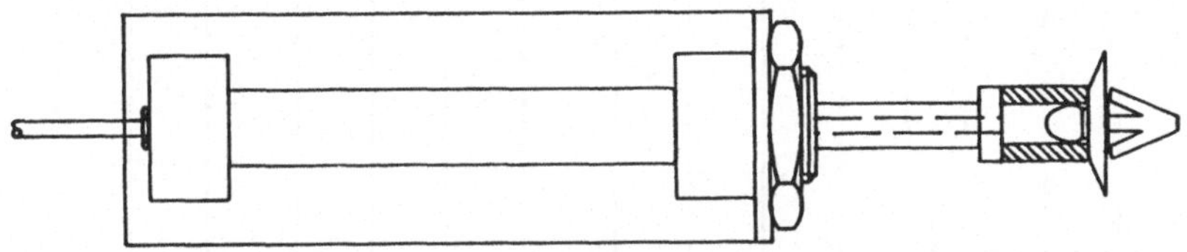

Abb. 4.15: Einzeleffektor

Dieser Effektor (Abb. 4.15) stellt die einfachste und damit auch die kleinste und leichteste Variante dar. Allerdings wird die Taktzeit sehr hoch, wenn mehrere Klipse an einem Bauteil zu montieren sind. Denn der Roboter muß jeden Klips einzeln an der Bereitstellung abholen.

o   <u>Mehrfacheffektor</u>

Um die Zuführzeiten zu verringern, können mehrere Einzeleffektoren zu einem Mehrfacheffektor zusammengefaßt und damit eine Portion Klipse gleichzeitig aufgenommen werden. Die zugehörige Funktionsstruktur wird im Gegensatz zum Einzeleffektor um das Portionieren und Speichern erweitert (Abb. 4.16).

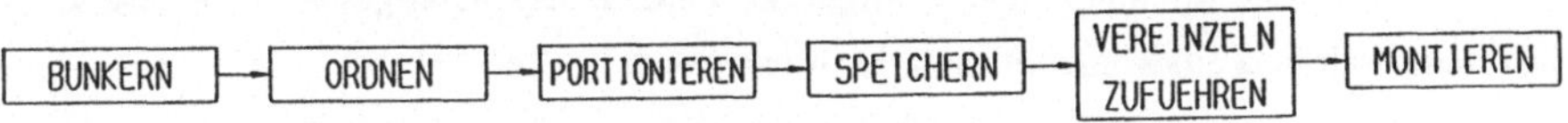

Abb. 4.16: Funktionsstruktur bei Mehrfacheffektor ohne Schlauch

Abb. 4.17 zeigt einen Mehrfacheffektor in linearer Anordnung der Einzeleffektoren; ggf. kann eine kreisförmige Anordnung der Einzeleffektoren aus Platzgründen sinnvoller sein. Die Anzahl der Fügezylinder richtet sich nach der Anzahl der Klipse pro Bauteil. In der Bereitstellungseinrichtung nimmt der Effektor aus einem Magazinspeicher eine Portion Klipse durch die Sauger der Fügezylinder auf.

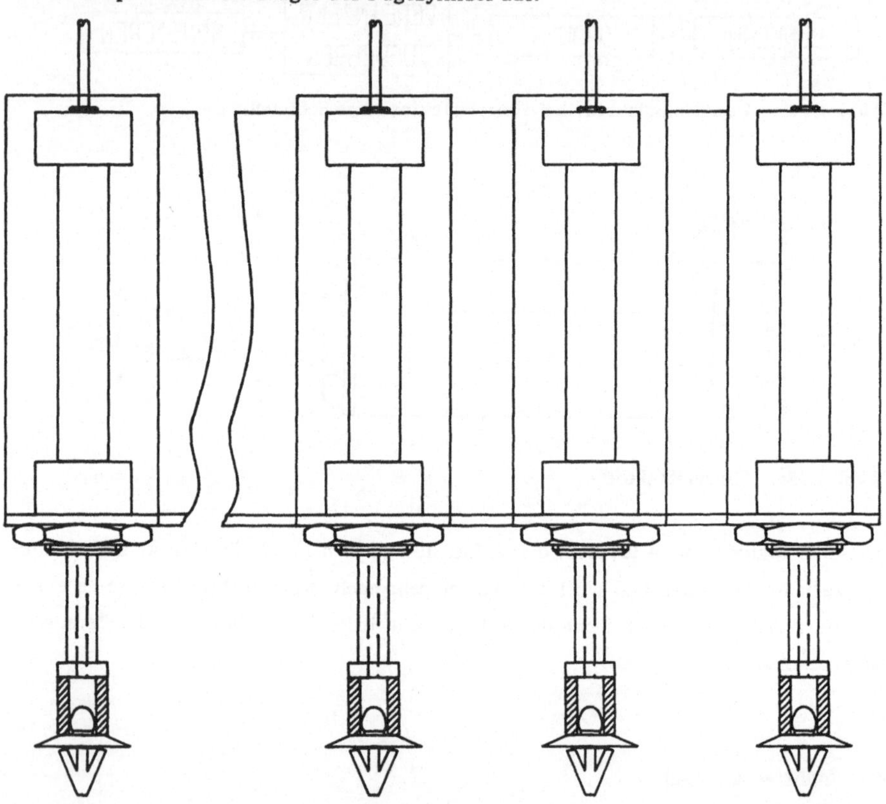

Abb. 4.17:   Mehrfacheffektor in linearer Bauweise

Solange die Anzahl der zu montierenden Klipse an einem Bauteil die Zahl der Magazin- plätze nicht überschreitet, ist eine sehr kurze Taktzeit möglich; der stationäre Speicher kann während der Montage wieder aufgefüllt werden. Die bereitgestellten Klipse kön- nen dann während eines Bauteilwechsels durch Abholen vom Roboter zugeführt werden. Als Nachteil bleibt bei steigender Klipsanzahl die Baugröße und das Gewicht des Effek- tors sowie die vermehrte Anzahl an Energie- und Steuerleitungen.

4.5 Zusammenfassung und Bewertung am Fallbeispiel

Neben den allgemeinen Forderungen der Anforderungsliste (s. Kap. 3) ergeben sich noch eine Vielzahl von Bedingungen, die erst im konkreten Anwendungsfall bewertet werden können. Durch diese Bedingungen wird die Anzahl der in Frage kommenden Entwürfe eingeschränkt, und es kann die günstigste Lösung ermittelt werden.

Sollen die Entwürfe hinsichtlich der Forderungen der Anforderungsliste und den Produktionsbedingungen bewertet werden, so bietet sich hierzu eine Anlehnung an die VDI-Richtlinie 2225 an. Die Wertvorstellungen werden dort festgelegt von 0 Punkten = 'nicht erfüllt' bis 4 Punkten = 'sehr gut'. Die Gewichtung der einzelnen Bedingungen ist jeweils vom konkreten Anwendungsfall abhängig. Aus diesem Grunde ist das Aufstellen einer allgemeinen Bewertungstabelle nicht sinnvoll. Daher wird am konkreten Beispiel der Klipsmontage bei Pkw-Türverkleidungen eine mögliche Bewertung explizit durchgeführt.

Zur Verfügung steht hier ein Industrieroboter mit einer Verfahrgeschwindigkeit von 1 m/s. Pro Bauteil müssen 9 oder 10 Klipse, je nach Türart, gefügt werden. Die Taktzeit pro Klips soll unter 2 Sekunden liegen, die Entfernung vom Wirkort zur Bereitstellungseinrichtung soll maximal 2 m betragen. Die Bauteilzufuhr erfolgt unregelmäßig. Die Wirkorte liegen alle etwa in einer Ebene und sind gut zugänglich. Ein Effektorwechsel soll möglich sein. Ferner wird auf Stückzahlflexibilität Wert gelegt. Die Klipse weisen eine schlechte Führungsstabilität auf. Aufgrund der letzten Angabe scheiden Entwürfe mit Rundschlauchzuführung prinzipiell aus. Aus den angeführten Angaben und der Anforderungsliste (s. Kap. 3) ergeben sich die Kriterien für die in Abb. 4.18 dargestellte Bewertung.

Der Entwurf des Profilschlaucheffektors erreicht mit 3.2 die höchste Punktzahl. Dieses Ergebnis resultiert aus der sehr guten Stückzahlflexibilität dieses Entwurfs. Das mäßige Abschneiden bei der Beweglichkeit ist eine Folge der Schlauchzuführung.

Der Einzeleffektor erreicht auf Grund seiner großen Flexibilität und seines einfachen Aufbaus 3.0 Punkte. Als Lösungsentwurf muß er jedoch ausscheiden, da er eine geringe Taktzeit in Verbindung mit einem Industrieroboter nicht erfüllen kann.

| Bewertungskriterium | Gewicht [%] | Profilschlauchzuf. | | Effektor-IR-Zuführung | | | | | |
| | | | | Einzeleffektor | | Lineareffektor | | rotationssym. Effektor | |
		Wert	gew. Wert Schlaucheffektor	Wert	gew. Wert	Wert	gew. Wert	Wert	gew. Wert
Taktzeit	20	3	0.6	0	0	4	0.8	4	0.8
Zeit für Bauteilwechsel	10	4	0.4	4	0.4	4	0.4	4	0.4
Anzahl d. Klipse pro Bauteil	10	4	0.4	2	0.2	3	0.3	3	0.3
Stückzahl-flexibilität	15	4	0.6	4	0.6	1	0.15	1	0.15
Effektorwechsel	5	2	0.1	4	0.2	2	0.1	2	0.1
Beweglichkeit	10	2	0.2	4	0.4	3	0.3	4	0.4
Baugröße, Gewicht	10	3	0.3	4	0.4	2	0.2	3	0.3
konstr. Aufwand für Effektor	20	3	0.6	4	0.8	3	0.6	3	0.6
Summe		25	3.2	26	3.0	22	2.85	24	3.05

Abb. 4.18:   Bewertungstabelle

Der Entwurf des Lineareffektors erreicht mit 2.85 Punkten die niedrigste Punktzahl. Obwohl dieser Entwurf hinsichtlich der Taktzeit und der Eignung für Teile mit ca. 10

Klipsen pro Bauteil besser abschneidet als der Profilschlaucheffektor, ist doch die sperrige Bauausführung und die unzureichende Stückzahlflexibilität die Ursache für die niedrige Gesamtpunktzahl.

Der Entwurf des rotationssymmetrischen Effektors schneidet mit 3.05 Punkten fast so gut ab wie der Profilschlaucheffektor. Die etwas niedrigere Punktzahl ist auch hier die Folge der unzureichenden Stückzahlflexibilität. Sie ist durch die maximale Anzahl der Fügezylinder systembedingt schlecht. Die höhere Punktzahl gegenüber dem Lineareffektor resultiert aus der kreisförmigen und damit kompakteren Bauweise des Effektors.

Aufgrund der durchgeführten Bewertung wird hier der Entwurf des Profilschlaucheffektors ausgewählt und später in der Versuchsstation realisiert. An dieser Montageanlage sollen die theoretischen Ergebnisse aus der Planung überprüft und die automatisierte Klipsmontage untersucht werden.

o   <u>Pflichtenheft für den Montageroboter</u>

Hier werden kurz die Probleme angeführt, die den Industrieroboter betreffen. Da der Roboter das Kernstück einer flexibel automatisierten Montageanlage darstellt, ist es sinnvoll, die geforderten Spezifikationen möglichst genau in einem Pflichtenheft festzulegen und dies als Grundlage für dessen Auswahl heranzuziehen. Industrieroboter lassen sich prinzipiell nach einigen Kriterien einteilen, die ein Gerät für eine gewünschte Aufgabe qualifizieren.

*   Die Tragkraft des Industrieroboters muß größer sein als die Belastung durch den Effektor mit Zuführschlauch. Außerdem müssen die auftretenden Fügekräfte unterhalb der zulässigen Belastung des Roboters liegen. Dabei sollte der Roboter im allgemeinen nicht ständig mit maximaler Antriebsleistung bis an die Grenze seiner Tragfähigkeit ausgelastet werden, da hierdurch die Positioniergenauigkeit und die Lebensdauer des Gerätes eingeschränkt werden.

*   Der Roboter muß mindestens über soviele linear unabhängige Bewegungsachsen verfügen, wie Freiheitsgrade zu überwinden sind. Dabei ist für den Einsatz von Sensoren zur Positionsvermessung darauf zu achten, daß hiermit Positionsabwei-

chungen eines Teiles erkannt und ausgeglichen werden sollen. Das kann zur Folge haben, daß mehr Freiheitsgrade erforderlich sind, als vom Arbeitsprozeß her nötig wären. Das Maximum der notwendigen Achsenzahl liegt i.a. bei sechs: im Raum müssen drei translatorische und drei rotatorische Freiheitsgrade überwunden werden.

Allerdings kann durch bestimmte Anforderungen an den Bewegungsablauf die erforderliche Anzahl der Bewegungsachsen höher liegen, wenn es z.B. gilt, Hindernisse zu umfahren. Dies ist eng verknüpft mit der Art und Anordnung der Roboterachsen. Grundsätzlich werden Rotations- und Linearachsen unterschieden. Es ist nicht jede Art von Achsenanordnung, d.h. nicht jede Kinematik gleich gut für jede Aufgabe geeignet. Bei Arbeiten in bestimmten Ebenen und bei großen Verfahrwegen bieten sich Portalroboter an. Wenn allerdings annähernd beliebige Kurven in sehr engem Raum abgefahren werden sollen, ist ein Vertikal-Knickarm-Roboter am geeignetsten. Allgemein bietet sich die Vertikalknickarmbauweise an, wenn es gilt, Montageaufgaben durchzuführen, die nicht innerhalb einer Ebene liegen. Bei Aufgaben in einer horizontalen Ebene ist an die Kinematik nach dem Scara-Prinzip zu denken.

*   Ein weiteres wichtiges Auswahlkriterium für einen Industrieroboter ist dessen Genauigkeit. Dabei beschreibt die Wiederholgenauigkeit nur diejenige Positionsabweichung des Roboters, die sich im Gegensatz zu einem vorherigen Programmdurchlauf ergibt. Im Gegensatz dazu nennt die Positioniergenauigkeit das Maß der Einhaltung der programmierten Koordinaten beim Ablauf eines Bewegungsprogramms. Die Positioniergenauigkeit eines Roboters kann daher niemals seine Wiederholgenauigkeit übertreffen.

*   Hinsichtlich der Steuerung von Industrierobotern bestehen erhebliche Unterschiede in der Programmierart, der Rechengeschwindigkeit und den Anschlußmöglichkeiten von Sensoren und Rechnern. Die Unterschiede lassen sich schwer allgemeingültig ausdrücken und sind daher im Einzelfall eingehend zu analysieren.

Bevor ein Versuchsstand zur Klipsmontage aufgebaut werden kann, müssen die zu erwartenden Fügekräfte berechnet werden, die dann anhand von Messungen mit einem Kraft-Momentensensor zu überprüfen sind. Denn erst auf diesen Grundlagen aufbauend kann man die Betriebsmittel Roboter und Effektor richtig auswählen bzw. auslegen.

5 Theoretische Analyse des Fügevorgangs beim Klipsen

5.1 Einleitung

Der Fügevorgang beim Klipsen ist bisher nicht umfassend analysiert worden. Die beim Montieren auftretenden Kräfte und Momente sind in ihrem Verlauf während des Fügens unbekannt. Ebensowenig weiß man über die im Klips auftretenden inneren Spannungen während des Einrastvorganges.

Die Kennlinie des Fügevorganges ist aber von grundlegender Bedeutung beim Aufbau einer automatisierten Montagezelle für Klipse. Schließlich müssen für die Auslegung der Tragkraft des Industrieroboters die auftretenden Belastungen bekannt sein. Ebenso benötigt man für die Konstruktion des Fügewerkzeugs den Verlauf der Kräfte und Momente beim Klipsen.

Daher soll hier der Fügevorgang beim Klipsen von der theoretischen Seite her eingehend untersucht werden. Nach einer statischen Berechnung an einem vereinfachten Modell wird eine Berechnung des Fügevorgangs nach der Methode der finiten Elemente durchgeführt. Im darauffolgenden Kapitel werden die Berechnungen dann anhand von experimentellen Untersuchungen überprüft.

5.2 Materialeigenschaften von Klipsen

Das Prinzip des Klipsens, federndes Einspreizen, erfordert eine große werkstoff- und gestaltungsbedingte Nachgiebigkeit der Klipse, so daß beim Fügen ein Einschnappen der Federschenkel durch elastische Verformung möglich ist. Als idealer Konstruktionswerkstoff für diese Aufgabe haben sich Kunststoffverbindungen mit hoher Festigkeit und niedrigem Elastizitäts–Modul herausgestellt. Das Werkstoffverhalten gestattet eine weitere Tragfähigkeitserhöhung durch partielle plastische Verformung. Bei der Klipsauslegung wird die Ausnutzung dieser Vorteile allerdings durch das nichtlineare Spannungs–Dehnungs–Verhalten der Kunststoffe erschwert.

Der Elastizitätsmodul E beschreibt das Verformungsverhalten eines Werkstoffes unter Last. Diese Kennzahl ist bei Kunststoffen keine konstante Größe, sondern eine Funktion von der momentanen Dehnung ϵ, der Temperatur T, der Beanspruchungsgeschwindigkeit und ggf. der Wasseraufnahme $\%H_2O$:

$$E = f\ (\epsilon,\ \dot{\sigma},\ T,\ \%H_2O) \tag{5.1}$$

Abb. 5.1 gibt qualitativ ein Kraft–Verlängerungs–Diagramm für Kunststoffe unterschiedlicher Zähigkeit wieder. Der Werkstoff 1 in Abb. 5.1 zeigt ein sprödes Verhalten mit annähernd konstantem E–Modul. Die Werkstoffe 2 und 3 zeigen anfangs ein lineares Verformungsverhalten, bei größeren Belastungen verlaufen diese Kurven nicht mehr linear; es wird ein Maximum überschritten und dann ein sehr weicher Bereich erreicht, in dem sich die Kunststoffe ohne weitere Krafterhöhung stark verformen. Der vierte Werkstoff dagegen zeigt wiederum ein in erster Näherung lineares Verhalten mit einem sehr flachen Kurvenverlauf.

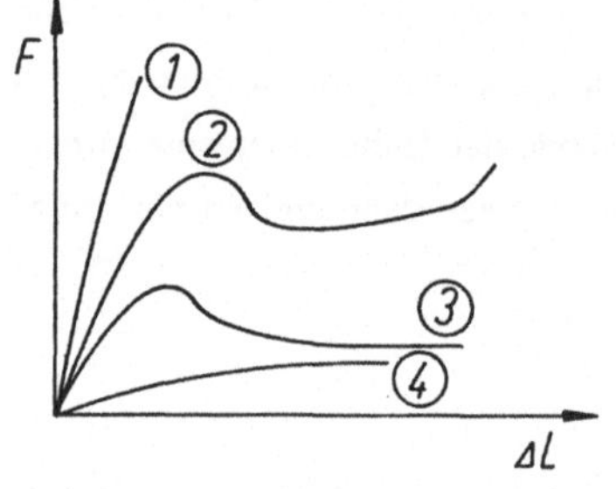

Abb. 5.1:   Kraft–Verlängerungs–Diagramme für Kunststoffe /5.1/

Diese unterschiedlichen Kurvenverläufe können das Verhalten ein– und desselben viskoelastischen Werkstoffes in Abhängigkeit von unterschiedlichen Beanspruchungsbedingungen beschreiben. Ein Werkstoff, der sich bei geringer Verformungsgeschwindigkeit zäh verhält, kann im Schlagzugversuch durchaus ohne Bruchdehnung reißen und sich als spröder Werkstoff erweisen. Abb. 5.2 zeigt die Abhängigkeiten des Werkstoffverhaltens von verschiedenen äußeren Einflüssen.

W E R K S T O F F V E R H A L T E N

spröde	verformungsfähig	verstreckbar	thermoplastisch weichgemacht

niedrig   **Elastizität**   hoch

hoch   **Beanspruchungsgeschwindigkeit**   niedrig

niedrig   **Temperatur**   hoch

Abb. 5.2:   Verhalten viskoelastischer Werkstoffe

Zur Ermittlung eines linearisierten Richtwertes für den E–Modul wurde der Sekantenmodul eingeführt. Nach DIN 53457 wird der E–Modul als die Steigung der Tangente im
Ursprung des Spannungs–Dehnungs–Diagramms definiert:

$$E_o = \frac{\sigma}{\epsilon} \quad \text{an der Stelle} \quad \epsilon = 0 \tag{5.2}$$

Dagegen entspricht der Sekantenmodul (Abb. 5.3) für nichtlineare Werkstoffe der Steigung der Sekante, die im Spannungs–Dehnungs–Diagramm durch den von der gewählten
Dehnung bestimmten Punkt gelegt wird.

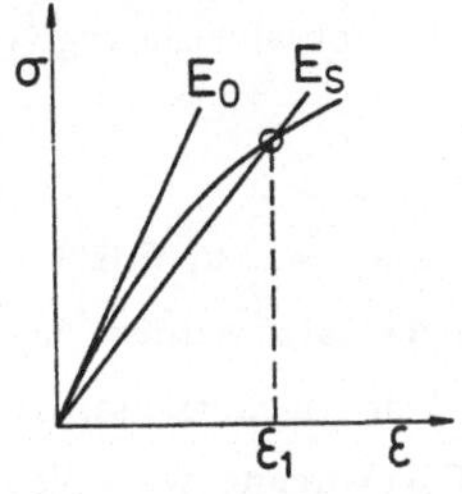

Abb. 5.3:   Ermittlung des Sekantenmoduls

$$E_s = f(\epsilon) \tag{5.3}$$

Der im Rahmen dieser Arbeit untersuchte Klips ist ein aus dem Werkstoff Hostaform C9021 spritzgegossenes Bauteil; die chemische Bezeichnung ist Polyoximethylen (POM). POM zeichnet sich durch gute Maßhaltigkeit, große Oberflächenhärte, Steifigkeit und Festigkeit sowie ein günstiges Gleit- und Abriebverhalten aus /5.2/. Das Materialverhalten wird hier allerdings als linear angenommen; Kriech- und Relaxationsvorgänge werden ebenfalls nicht berücksichtigt. Dies ist in erster Näherung zulässig, da der Fügeprozeß mit hoher Verformungsgeschwindigkeit durchgeführt wird.

5.3 Theoretische Ermittlung der Fügekräfte und -momente bei zentrischem Fügen

Im vorliegenden Fall werden die Klipse in gestanzte Löcher von 8 mm Durchmesser in einem lackierten Tiefziehblech (Innenblech einer Pkw-Tür) mit 0,8 mm Dicke gefügt. Die Montage soll automatisch durch einen Roboter ausgeführt werden. Gefügt wird durch einen im Robotereffektor integrierten Druckluftzylinder. Dieser erzeugt abhängig vom eingestellten Betriebsdruck eine Fügekraft, die auch bei Lageabweichung in Fügerichtung konstant bleibt.

Zur Auslegung des Betriebsmittels Roboter und zur Gestaltung des Greifsystems stellt sich die Frage nach Betrag und Richtung der Füge- und Reaktionskräfte, mit denen beim Fügevorgang gerechnet werden muß. Aus diesem Grund werden die während des Fügevorgangs entstehenden Kräfte sowie das Verhalten und die Verformung des Klipses untersucht. Außerdem wird das Problem behandelt, wie die Automatisierungsmittel beschaffen sein müssen, um auch bei Maß- und Positionsabweichungen ein korrektes Fügen zu ermöglichen.

Einen typischen Fügeablauf zeigt die Folge in Abb. 5.4. Zur Erläuterung dieses Ablaufs sollen nun die beim Fügen wirksamen Kräfte abgeschätzt werden. Bei der statischen Berechnung am Biegebalken wird der einfachste Fall angenommen, daß das Fügen unter symmetrischen Bedingungen stattfindet. Der Fügevorgang wird also im Gegensatz zu dem in Abb. 5.4 dargestellten Fall ohne Versatz der Klips- zur Bohrungsachse berech-

net. Erst bei den Berechnungen nach der Methode der finiten Elemente kann der in der
Praxis auftretende Fall des Fügens mit Positionsversatz betrachtet werden.

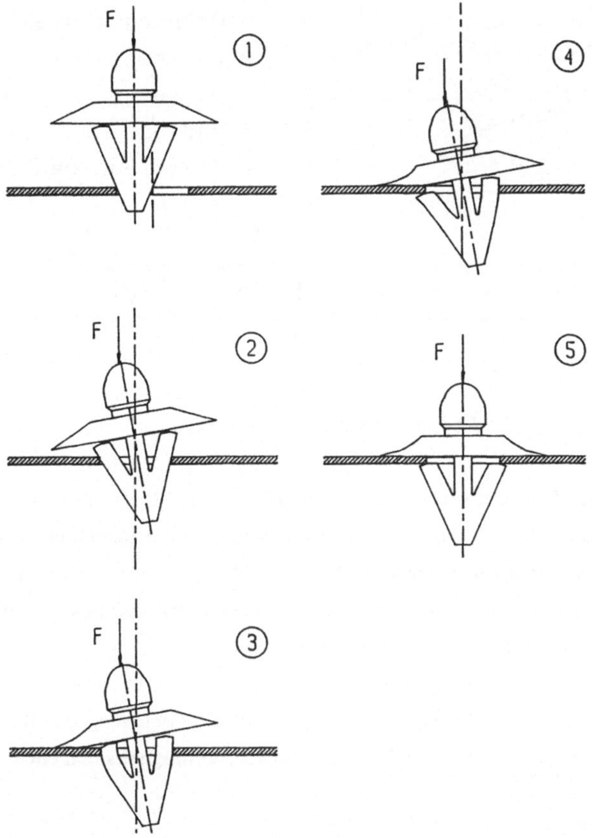

Abb. 5.4:   Typischer Fügeablauf bei der Klipsmontage

Die Federschenkel des Klipses müssen zur Montage soweit verformt werden, daß sie in
die Bohrung eindringen können. Die dafür notwendige elastische Verformungsarbeit
bringt der Fügezylinder auf. Zunächst wird vereinfachend von einer symmetrischen Belastung des Klipses ausgegangen. Unter Annahme dieses Belastungsfalles ist die Reduzierung des Berechnungsproblems auf den halben Klips zulässig. Der Einfluß der Tellerfeder auf den Fügevorgang wird hier ebenfalls noch nicht berücksichtigt.

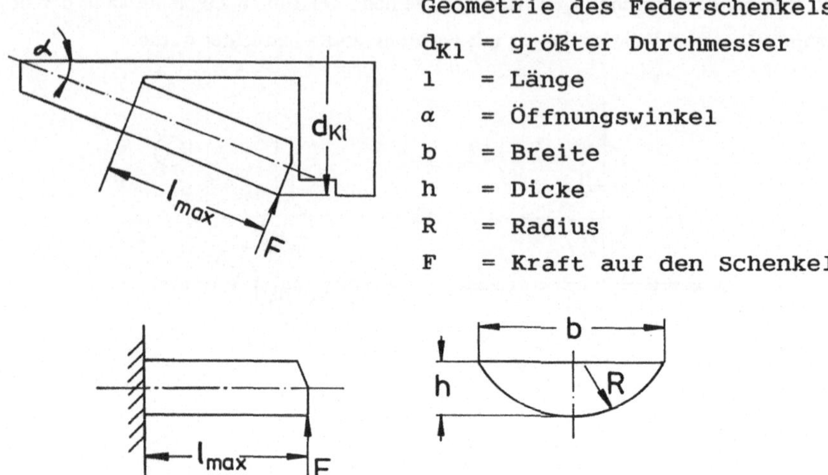

Abb. 5.5:   Betrachtung des Federschenkels als Biegebalken

Abb. 5.5 zeigt die dadurch vereinfachte Geometrie des Klipses mit den relevanten Größen. Der nachgebende Teil des Federschenkels wird für die Berechnung als einseitig fest eingespannter Biegebalken betrachtet. Die Durchbiegung des übrigen Klipskörpers kann bei symmetrischer Belastung durch den Ausgleich der auf beide Federschenkel wirkenden Querkräfte gleich null angenommen werden.

Für einen fest eingespannten Balken (Abb. 5.6) lautet die Gleichung der Biegelinie mit den o.a. Größen, dem Elastizitätsmodul E und dem Flächenträgheitsmoment I_z:

$$w(l) = \frac{F \cdot l^3}{3 \cdot E \cdot I_z} \tag{5.4}$$

Die für die in Abb. 5.6 dargestellte Durchbiegung w(l) notwendige Kraft F(l) kann durch umstellen der Gleichung 5.4 errechnet werden zu:

$$F(l) = \frac{3 \cdot w(l) \cdot E \cdot I_z}{l^3} \tag{5.5}$$

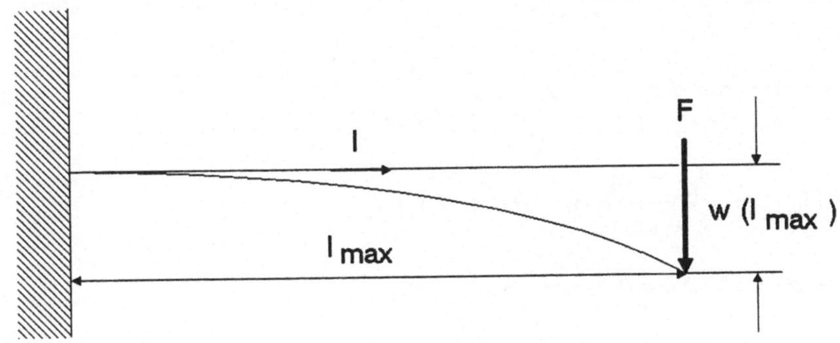

Abb. 5.6: Biegelinie /5.3/

Beim Fügen des Klipses in die Bohrung ist die Funktion der Durchbiegung des Federschenkels w(l) an der Kontaktstelle l vorgegeben durch die geometrischen Randbedingungen. Die Berührung des Klipsfederschenkels mit der Bohrung ist in Abb. 5.7 dargestellt (der Klips ist im Halbschnitt durch die punktierte Linie angedeutet).

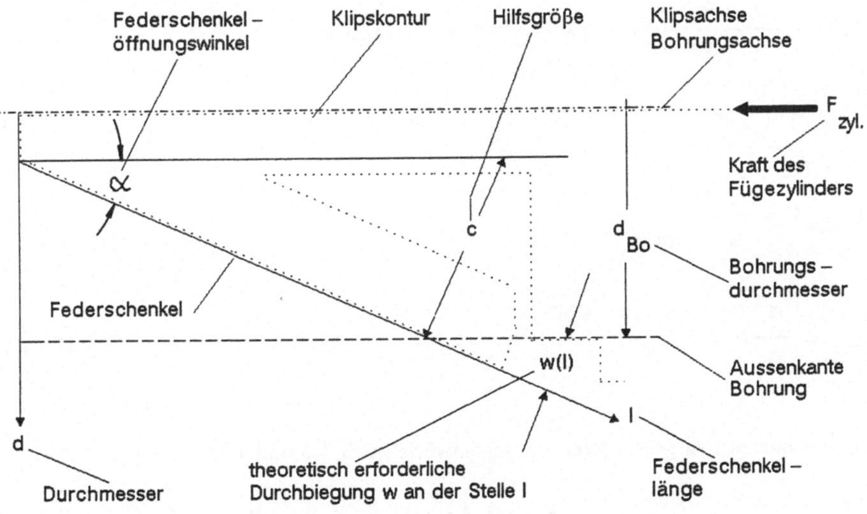

Abb. 5.7: Geometrische Randbedingungen für die Durchbiegung w(l)

Für die aus den geometrischen Randbedingungen resultierende Durchbiegung w(l) gilt die Gleichung (5.6) in Verbindung mit (5.7), wobei c eine Hilfsgröße (Abb. 5.7) darstellt.

$$w(l) = l \cdot \tan \alpha - c \qquad \text{für} \qquad l > \frac{c}{\tan \alpha} \qquad \text{mit} \tag{5.6}$$

$$c = (l_{max} - \frac{d_{Kl} - d_{Bo}}{2 \cdot \sin \alpha}) \cdot \tan \alpha \tag{5.7}$$

Eingesetzt in Gleichung (5.5) erhält man für F(l):

$$F(l) = \frac{3 \cdot E \cdot I_z \cdot (l \cdot \tan \alpha - c)}{l^3} \qquad \text{für} \qquad l > \frac{c}{\tan \alpha} \tag{5.8}$$

Für die Auslegung des Klipses beziehungsweise der Montagemittel ist die maximale Biegekraft von Bedeutung. Sie tritt an der Stelle des Federschenkels auf, an dem die 1. Ableitung von F(l) zu Null wird:

$$F'(l) = \frac{3 \cdot E \cdot I_z}{l^4} \cdot (3 \cdot c - 2 \cdot l \cdot \tan \alpha) \tag{5.9}$$

$$F'(l) = 0 \quad \Rightarrow \quad 3 \cdot c - 2 \cdot l \cdot \tan \alpha = 0 \tag{5.10}$$

$$l(F_{max}) = \frac{3 \cdot c}{2 \cdot \tan \alpha} \tag{5.11}$$

$$F_{max} = \frac{4}{9} \cdot E \cdot I_z \cdot \frac{\tan^3 \alpha}{c^2} \tag{5.12}$$

Im berechneten Fall gelten folgende Zahlenwerte (Abb. 5.5 und 5.7):

$\alpha = 25^o$	$\rho = 11^o$	$b = 6,20$ mm
$d_{Bo} = 8,00$ mm	$d_{Kl} = 9,60$ mm	$h = 1,98$ mm
$l_{max} = 4,51$ mm	$E = 2950$ N/mm^2	$I_z = 2,61$ mm^4
$R = 3,95$ mm		

$$l(F_{max}) = 3,84 \text{ mm} \tag{5.13}$$

Das bedeutet, daß auf der vorhandenen Klipslänge das globale Maximum der Biegekraft kurz vor Ende des Federschenkels erreicht wird:

$$F_{max} = F(l_{max}) = 233 \text{ N} \tag{5.14}$$

In Abb. 5.8 ist der Verlauf der Biegekraft F(l) an einem Schenkel (Balken) des Klipses über der Balkenlänge l aufgetragen. Um den Kurvenverlauf in seiner Entwicklung deutlicher darzustellen, ist der Kraftverlauf bis zu einer theoretischen Balkenlänge von 10 mm dargestellt, die reale Balkenlänge l_{max} beträgt 4,51 mm. Die Biegekraft ist dabei nach Gleichung (5.8) berechnet.

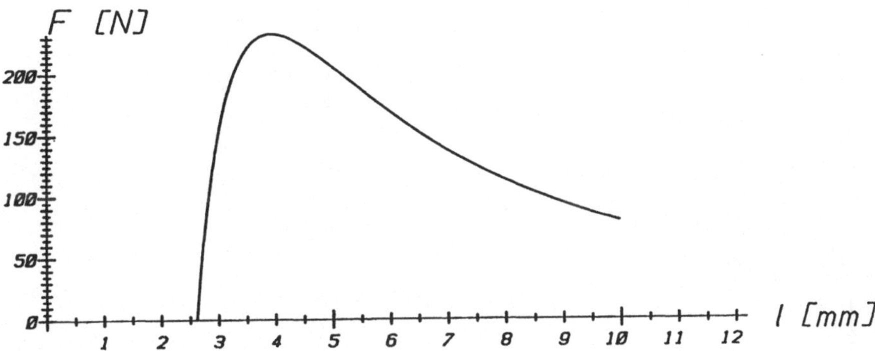

Abb. 5.8: Biegekraft über die Biegebalkenlänge l

Der Anteil der Kraft in Fügerichtung ist außer vom Reibungswinkel ρ und vom Federschenkelwinkel α auch vom Neigungswinkel γ abhängig. Letzterer resultiert aus der durch die Durchbiegung veränderten Klipsgeometrie. Abhängig von der Biegelinie w(l) für Krafteinleitung an der Stelle $l = l(F_{max})$ errechnet er sich zu:

$$\gamma = \frac{F_{max} \cdot l(F_{max})^2}{2 \cdot E \cdot I_z} \cdot \frac{360^o}{2 \cdot \pi} = 17,63^o \tag{5.15}$$

Es ergibt sich für die in Fügerichtung an dieser Stelle wirkende Kraft F_{zyl} (s. Abb. 5.7):

$$\frac{F_{zyl}}{2} = F_{max} \cdot (\sin (\alpha - \gamma) + \cos (\alpha - \gamma) \cdot \sin \rho) \qquad (5.16)$$

Die allgemeine Formel für die Zylinderkraft F_{zyl} als Funktion vom Fügeweg vom Weg läßt sich aus den Gleichungen 5.8, 5.15 und 5.16 herleiten zu:

$$F_{zyl} \text{ (WEG)} = 2 \cdot F \cdot (\sin (\alpha - \gamma) + \cos (\alpha - \gamma) \cdot \sin \rho) \qquad (5.17)$$

$$\text{mit} \quad F = f(l) \quad \text{und} \quad \gamma = f(F, l) \qquad (5.18)$$

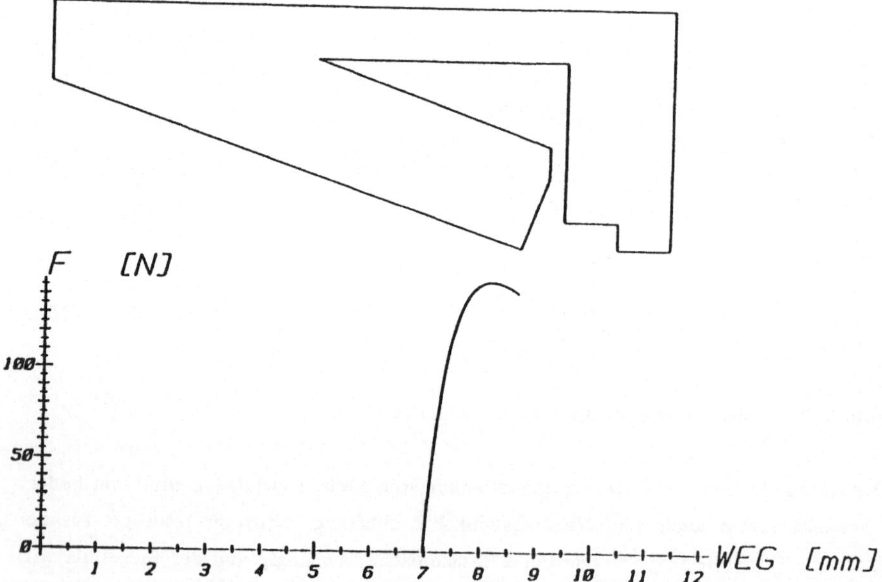

Abb. 5.9:   Fügekraft über dem Fügeweg WEG

Abb. 5.9 zeigt den Verlauf der Fügekraft F_{zyl} des Druckluftzylinders aufgetragen über dem Fügeweg WEG. Es beginnt ab der Stelle eine Kraft zu wirken, an der die Federschenkel des Klipses die Bohrung berühren. Die Berechnung des Fügekraftverlaufs schließt am Ende des betrachteten Biegebalkens ab. Für den gesamten Klips ergibt sich somit das Maximum der Fügekraft kurz vor dem Ende des Federschenkels zu:

$$F_{zyl} = 148 \ N \qquad (5.19)$$

5.4 Berechnung des Fügevorgangs nach der Methode der Finiten Elemente (FEM)

5.4.1 Grundlagen

Die bisher den Berechnungen zugrundegelegten mechanischen Modelle waren stark ver-einfacht und darum mit geringem Rechenaufwand lösbar. Will man jedoch detailliertere Informationen gewinnen, z.B. über den Fügevorgang bei Positionstoleranzen zwischen Klips und Blech oder bei Verwendung einer nachgiebigen Klipseinspannung im Füge-werkzeug, so sind erweiterte Rechenansätze zu suchen. Die Berechnung des erweiterten Belastungsfalls erfordert ein Gleichungssystem, das folgende drei Grundbedingungen erfüllt:

* statische Verträglichkeit; d.h. es muß ein Gleichgewicht vorliegen,

* kinematische Verträglichkeit; d.h. benachbarte Strukturteile dürfen sich nicht durchdringen oder auseinanderklaffen und

* Vorhandensein von Materialgesetzen, um Spannungs- und Verzerrungszustand zu verknüpfen. /5.4/

Das aus diesen Bedingungen resultierende System von Differentialgleichungen läßt sich grundsätzlich auf zwei Wegen lösen; mit einem analytischen Verfahren als exakte Lösung oder mit einem Näherungsverfahren. Da das analytische Verfahren nur in einfachen Fäl-len zu bewältigen ist, bleibt für die Untersuchung des vorliegenden Fügeproblems nur die Berechnung über ein Näherungsverfahren. Durch Berechnung des Vorgangs nach der Methode der Finiten Elemente konnten Problemlösungen ermittelt werden. Als Werkzeug stand das FEM-Programm ABAQUS in der Version 3.0 zur Verfügung.

5.4.2   Grundkonzept der Finite-Elemente-Methode

Die Verfahrensweise bei der Anwendung dieser Rechenmethode ist in Abb. 5.10 schematisch dargestellt.

RECHENGANG DER FEM	*FEHLERMÖGLICHKEITEN, NÄHERUNGEN*
1. Idealisierung, Einteilung in Elemente	*Modellvorstellung Netzwahl*
Eingaben	*Eingabefehler*
2. Berechnung der Elementmatrizen	*Elementwahl*
3. Systemmatrix, Randbedingungen	
4. Lastspalten bilden	*Lastaufbringung*
5. Lösen des Gleichungssystems	*Rundungsfehler* *Wortlänge des Rechners*
6. Errechnen zusätzlicher Größen	*Genauigkeitsverlust* *durch Ableitung*
Ausgaben	*Ausgabefehler*
7. Interpretation der Ergebnisse	*Zuordnung zu Bemessungsgrößen*

Abb. 5.10:   Vorgehensweise bei FEM-Problemen /5.5/

Der Grundgedanke der Finite-Elemente-Methode liegt in der Aufteilung komplexer Objekte in endlich große (finite), geometrisch und festigkeitsmechanisch exakt zu beschreibende Berechnungselemente. Die Bausteine dieses Modells sind Elemente - abhängig vom Anwendungsfall aus den vereinbarten Typen gewählt - und Knoten, die die Elemente verknüpfen. Nach der Diskretisierung (Zerlegung in Elemente) des Untersuchungsobjekts errechnet der Computer je nach Anwendungsfall Steifigkeits-, Nachgiebigkeits- oder Massenmatrizen der Einzelelemente. Die geeignete Verknüpfung dieser Matrizen gibt eine Systemmatrix der Gesamtstruktur, die deren Verhalten charakterisiert.

Um Aussagen über das Verhalten des FEM-Modells unter verschiedenen Belastungen zu gewinnen, sind zunächst die Belastungsfälle und die Zwangsbedingungen zu definieren. Sie bestimmen das resultierende Gleichungssystem. Seine Lösung erfolgt iterativ nach

64

Konvergenzkriterien. Konvergieren die Gleichungen, werden die Ergebnisse vom Computer ausgegeben und stehen zur Interpretation im Post–Processing zur Verfügung /5.5, 5.6/. Sollte aber das Gleichungssystem divergieren, müssen vom Benutzer die Belastungen oder Zwangsbedingungen feiner gewählt werden; bei nichtlinearer Berechnung kann auch der Rechner die Inkremente verfeinern und eine Lösung bis zur Konvergenz erarbeiten.

5.4.3   Erstellung eines Eingabe–Files

Die Finite–Elemente–Methode verlangt die genaue Beschreibung von Geometrie und Materialverhalten des zu berechnenden Bauteils sowie die richtige Annahme der Rand– und Lastbedingungen. Das FEM–Programm ABAQUS, das für die Berechnungen herangezogen wurde, liest diese Daten aus einem Eingabe–File.

o   **Entwickeln der FEM–Struktur**

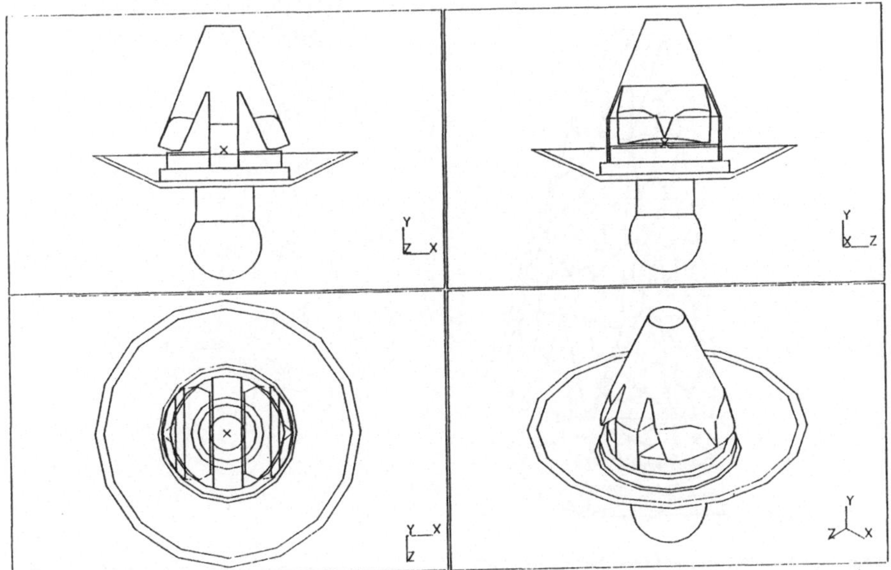

Abb. 5.11:   3–dimensionale Darstellung des Klipses durch IDEAS

Für die Beschreibung einer FEM-Struktur müssen Knoten- und Elementlisten erstellt werden. Der Aufwand für eine manuelle Erstellung dieser Listen ist sehr hoch; durch Ausnutzung von Bauteilsymmetrien und durch Rechnerunterstützung kann er indessen stark reduziert werden. Für die hier durchzuführende Untersuchung stand zur Strukturgenerierung das Programmsystem IDEAS von SDRC in der Version 2.1 als Pre-Processor zur Verfügung (Abb. 5.11).

Aus der in Abb. 5.11 gezeigten dreidimensionalen CAD-Darstellung des Untersuchungs-objektes 'Klips' wurde mit diesem System ein FEM-Kontinuumsmodell diskretisiert. Wegen der doppelt symmetrischen Geometrie des Klipses genügt zur vollständigen Beschreibung ein Viertel des Gesamtkörpers. Durch Spiegelung der für dieses Viertel erzeugten Elemente kann anschließend die Struktur des Gesamtklipses erzeugt werden. Die durch den Pre-Processor erzeugte Elementstruktur wird an das Eingabe-File des FEM-Programms ABAQUS übergeben (Abb. 5.12); dabei kann die Elementstruktur sowohl 'chaotisch' (free-mesh) als auch regelmäßig strukturiert (mapped-mesh) erzeugt sein. Wegen des geringeren Rechenaufwandes und der bei diesem Modell günstigeren flachen Elementstruktur werden hier die Schrumpfelemente im 'mapped-mesh' verwendet. Die nächsten Schritte beschreiben die nun noch notwendigen Ergänzungen des Eingabe-Files.

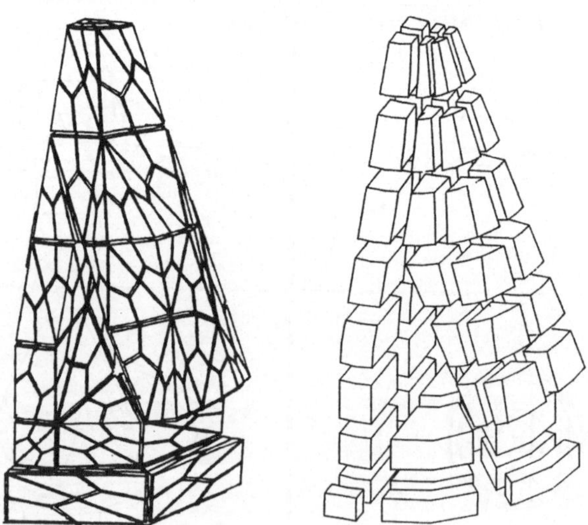

Abb. 5.12:   Klipsstruktur in Schrumpfelement-Darstellung (links free-mesh, rechts mapped-mesh)

o   <u>Eingabe der Untersuchungskennwerte</u>

Neben der geometrischen Struktur bestimmen noch weitere Größen das Bauteilverhalten. Im einfachsten Fall sind noch Daten über das Materialverhalten und über die Einspannungen des Untersuchungsobjekts notwendig. Letztere dienen zur Einleitung von Reaktionskräften. Außerdem können Zwangsbedingungen vorgegeben werden, um z.B. durch Modellierung der Umgebung die mögliche Verformung der FEM-Struktur einzuschränken. Das Materialverhalten wurde in dieser Betrachtung als rein elastisch eingegeben.

o   <u>Eingabe der Belastungsfälle</u>

Ziel der Untersuchung ist die Ermittlung der Reaktionskräfte beim Fügen des Klipses mit und ohne Positionsversatz. Der Fügevorgang kann durch die Reaktionen zwischen einem starren (Türblech) und einem nachgiebigen Körper (Klips) beschrieben werden. Abhängig vom Positionsversatz entstehen bei diesem Vorgang mehr oder weniger hohe Reaktionskräfte. Als Lastbedingungen sind dabei keine äußeren Kräfte gegeben, sondern Verformungen des nachgiebigen Klips aufgrund des Eindrückens in das Türblech. Die Reaktionskräfte ergeben sich aus den an den jeweiligen Kontaktpunkten Klips – Türblech vom Blech abzustützenden Kräften. Der Betrag der vom Blech einzuleitenden Kräfte wird von dem Kraftaufwand für die notwendige Klipsverformung bestimmt. Die notwendigen Verformungen wiederum werden aus den geometrischen Beziehungen (s. Kap. 5.1) gewonnen.

ABAQUS bietet die Option, den gesamten geschilderten Fügeablauf in einem geschlossenen, nichtlinearen Rechenmodell zu simulieren. Als Eingaben sind dafür notwendig:

+   die Struktur und die Materialdaten des zu berechnenden Klipses (die Materialdaten werden hier augrund fehlender Werte nur linear eingesetzt),

+   die Geometrie des starren Türblechs,

+   die relative Position des Klipses zu dem Türblech und

+   die Positionsveränderungen während des Fügevorgangs.

Im speziellen Fall wurde das Blech durch "Rigid Surfaces" dargestellt. Dies sind Reiboberflächen, die mit auf der Klipsoberfläche definierten "Interface-Elementen" reagieren. Bei der Berechnung wurden die "Rigid Surfaces" schrittweise der Klipsstruktur angenähert. Dabei wird ständig die relative Lage der 'Interface-Knoten' zu den 'Rigid Surfaces' überprüft. Sobald bei einer Positionsverschiebung ein 'Interface-Knoten' beginnt, in eine 'Rigid Surface' einzudringen – beim tatsächlichen Fügevorgang der Klips also seitlich in das Türblech einzudringen versucht – werden vom Prozeß abstützende Kräfte eingeleitet, die dem entgegenwirken.

Die Anwendung der 'Rigid Surfaces' ist in der vorliegenden ABAQUS-Version allerdings auf 2-dimensionale Fälle beschränkt. Als weitere Einschränkung wirkt sich aus, daß bei der Finite-Elemente-Methode die Knoten als Stützstellen für die Berechnung dienen, während über die Elemente interpoliert wird. Dadurch können systembedingt nur die Reaktionen 'Interface-Knoten' – 'Rigid Surface' berücksichtigt werden. Dies bewirkt Berechnungsschwierigkeiten, da durch die stufenförmige Klipsoberfläche keine kontinuierlich ansteigende Verformung des Federschenkels erreicht werden kann, wie es in der Realität der Fall ist. Es tritt eine unstetige, punktförmige Berührung nicht nur an, sondern auch zwischen den Knoten auf. Da hier die geometrischen Bedingungen nicht überprüft werden, kann die 'Rigid Surface' zwischen den Knoten in die 'Interface-Elemente' eindringen (Abb. 5.13). Aus diesem Effekt ergeben sich entlang des Fügeweges unstetige Kraftverläufe, die die Konvergenz beeinträchtigen.

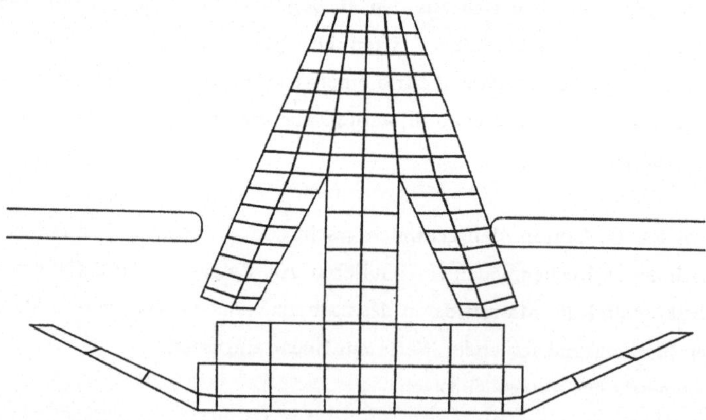

Abb. 5.13:   Eindringen der 'Rigid Surfaces' in den Klips

Zur Abhilfe wurden die 'Rigid Surfaces' so modifiziert, daß annähernd tangentiale Berührung erreicht werden konnte. Diese Forderung bedingt an die verschiedenen Oberflächen angepaßte 'Rigid Surfaces' von entsprechend komplexer Geometrie (Abb. 5.14).

68

Die Reaktionskräfte entsprechen durch die verlagerte Krafteinleitung nicht an allen Stellen den realen Bedingungen. Die Krafteinleitung erfolgt beim ersten Kontakt des Klips mit der 'Rigid Surface' ca. 2 mm vor dem realen Krafteinleitungspunkt. Dieser Fehler reduziert sich im Laufe des Fügevorgangs bis zum Einrasten auf null. Aus den so ermittelten Normalkräften berechnet ABAQUS über den Reibungsbeiwert Reibkräfte. Diese belasten zusammen mit den Normalkräften die Klipsstruktur und bestimmen das Verhalten des Klipses.

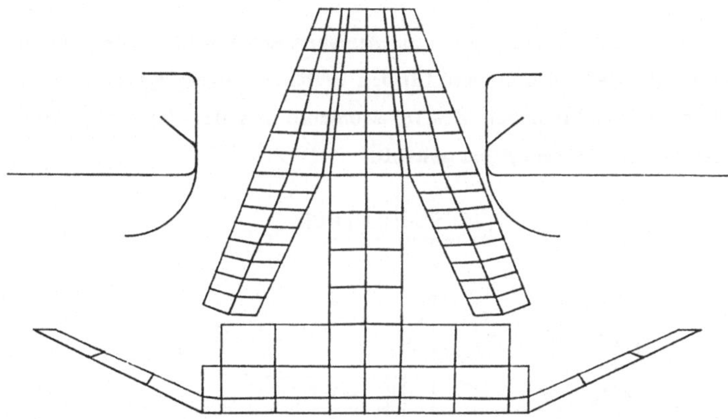

Abb. 5.14:   Modifizierte 'Rigid Surface'

5.5 Darstellung der Berechnungen

5.5.1   Ausgabemöglichkeiten

Bereits im Eingabe-File werden die Größen bezeichnet, die bei der Berechnung ermittelt und in Files geschrieben werden sollen. Aus diesen Daten können im Post-Processing die gewünschten Informationen gezogen werden. Um eine Übersicht über das zeitliche Verhalten der relevanten Größen zu erhalten, können deren Beträge in Form von Kurven über dem Fügeweg aufgetragen werden. Die Darstellung der verformten Elemente im jeweiligen Inkrement zeigt anschaulich das äußere Verhalten des Klipses. Zusätzlich zu der Element-Struktur wird die 'Rigid Surface' an ihrem Wirkort dargestellt. Weitere

Ausgabemöglichkeiten veranschaulichen die Reaktionen innerhalb des Klipses auf die äußeren Kräfte. Es können innere Spannungen, Hauptspannungsrichtungen, Verzerrungszustände, Druckverteilungen und einige weitere Optionen dargestellt werden.

5.5.2. Berechnung typischer Fügeverläufe

Für die folgenden Berechnungen werden die Angaben des Klipsherstellers für den Elastizitätsmodul mit E = 2950 N/mm^2 und für den Reibungsbeiwert mit u = 0,2 eingesetzt. Zur Beschreibung der auftretenden Kräfte, Momente und des Versatzes wurde das in Abb. 5.15 gezeigte Koordinatensystem gewählt.

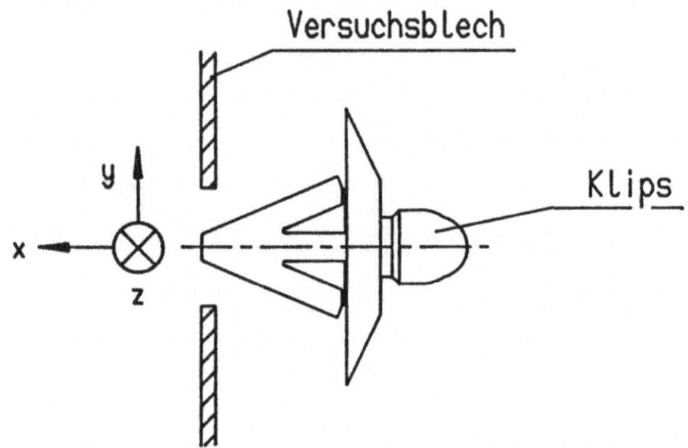

Abb. 5.15:   Koordinatensystem für die Fügekraftberechnungen

o   Zentrisches Fügen

Die Fügekräfte werden unter denselben Voraussetzungen ermittelt wie in Kapitel 5.1. Deshalb sind sie vergleichbar und können dazu beitragen, den Aussagegehalt des jeweiligen Rechenansatzes zu überprüfen. Abb. 5.16 demonstriert kennzeichnende Stationen des Fügevorgangs. Oben wird die verformte Struktur des Klipses, unten die mit der Schubspannungshypothese nach von Mises berechneten inneren Spannungen im untersuchten Körper durch Spannungslinien dargestellt. Die Tabelle in der unteren Darstellung zeigt die zu den Ziffern an den Isolinien zugehörigen Spannungswerte in N/mm^2.

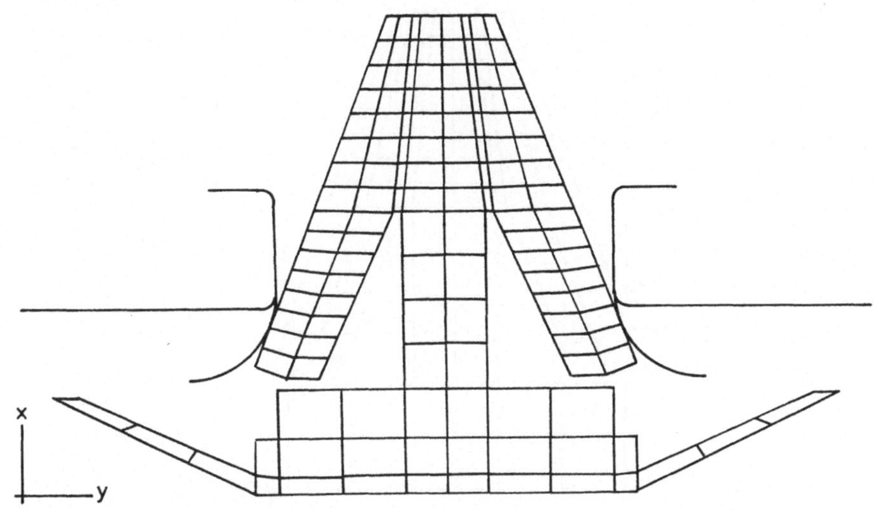

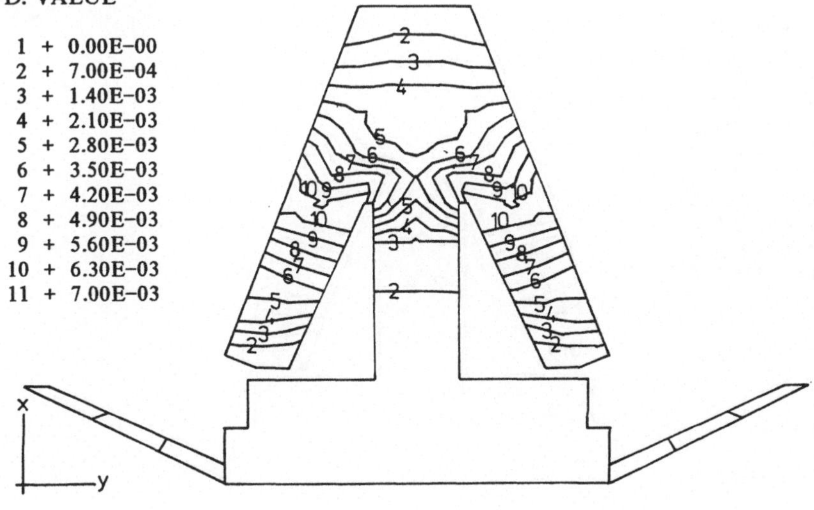

Abb. 5.16 a): Fügeablauf bei zentrischem Fügen

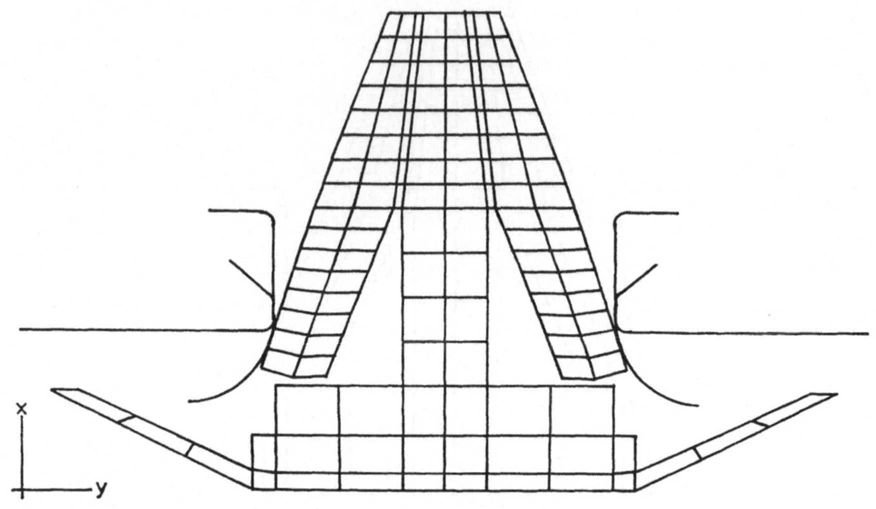

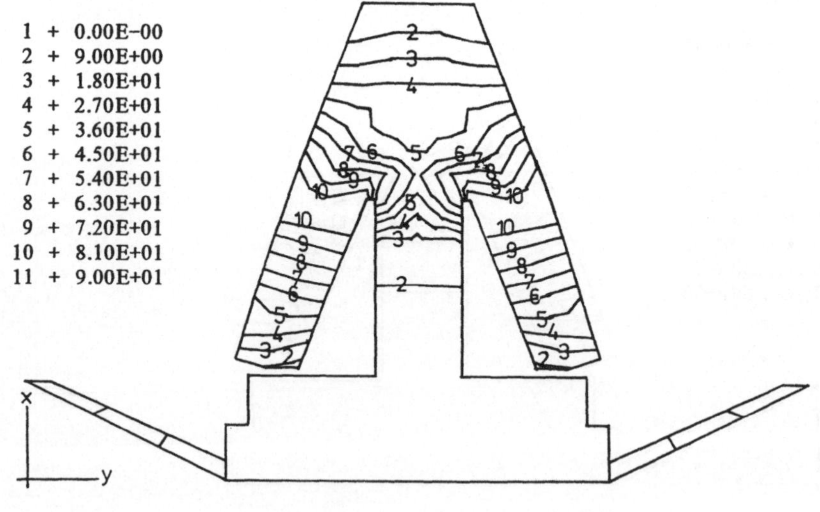

Abb. 5.16 b): Fügeablauf bei zentrischem Fügen

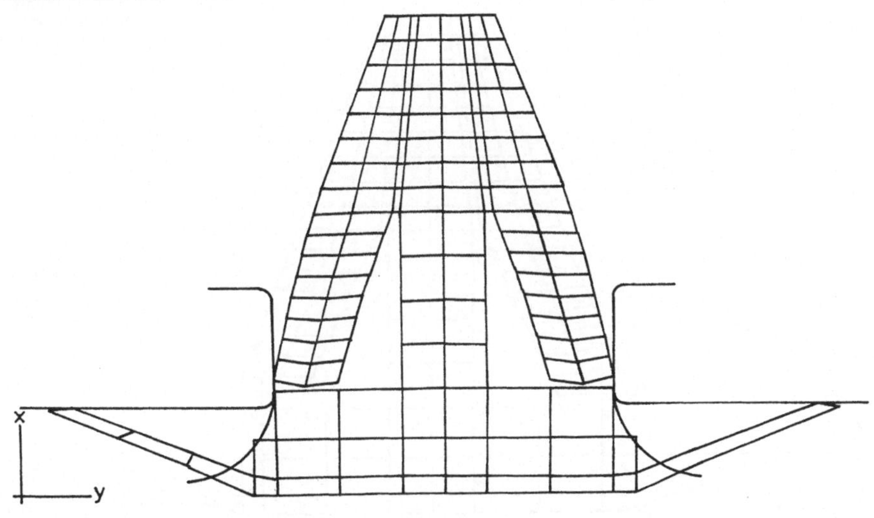

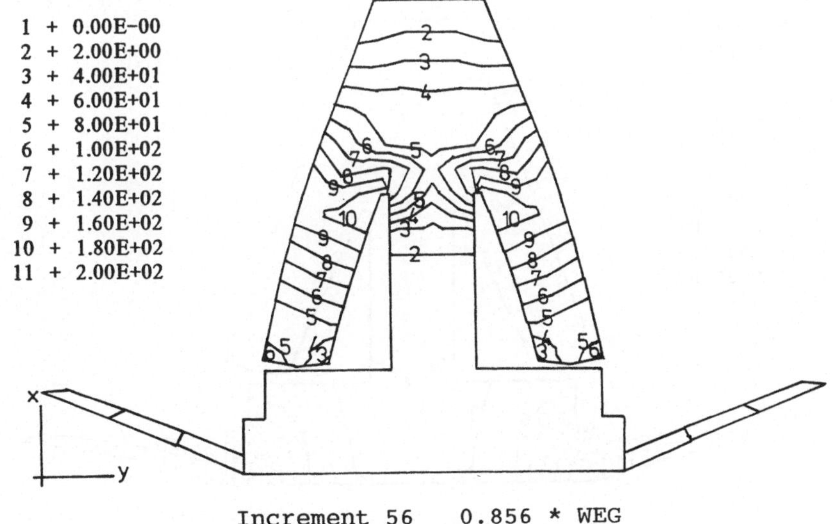

Abb. 5.16 c): Fügeablauf bei zentrischem Fügen

DISPLAY
SOLID LINES – DISPLAYED MESH
MAG. FACTOR = 1.0E+00

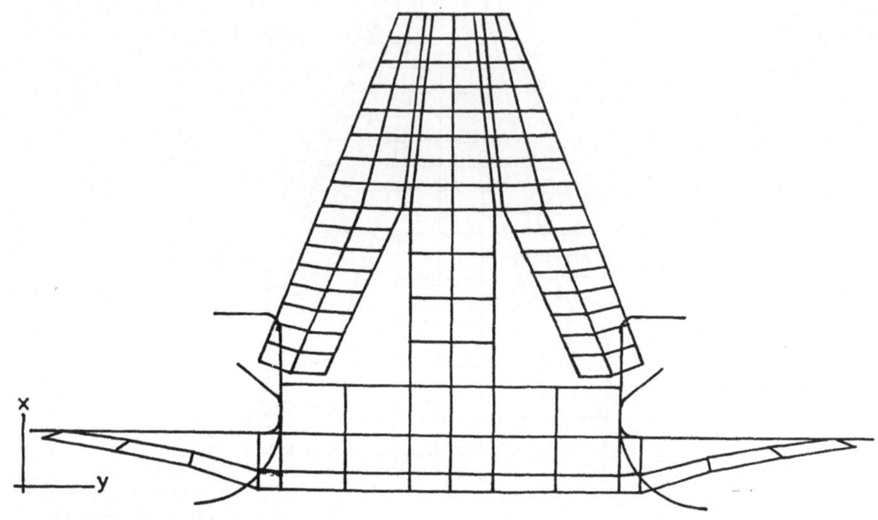

MISES EQUIVALENT STRESS
SECTION POINT 2
I. D. VALUE

     1 + 0.00E–00
     2 + 5.00E+00
     3 + 1.00E+01
     4 + 1.50E+01
     5 + 2.00E+01
     6 + 2.50E+01
     7 + 3.00E+01
     8 + 3.50E+01
     9 + 4.00E+01
    10 + 4.50E+01
    11 + 5.00E+01

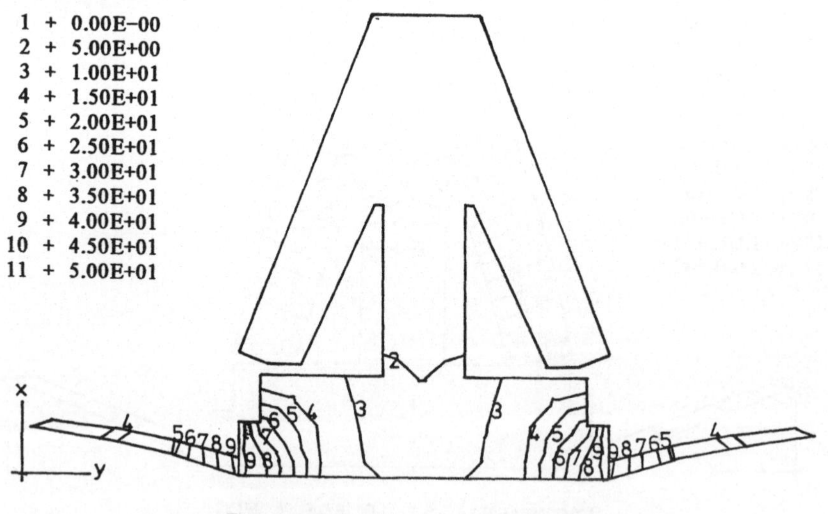

Abb. 5.16 d): Fügeablauf bei zentrischem Fügen

74

In Abb. 5.16 a) wird in Inkrement 24 (d.h. im 24. Berechnungsschritt) der erste Kontakt des Klipses mit dem Blech gezeigt. Inkrement 48 und 56 (Abb. 5.16 b) und c)) stellen die Verformung des Klipses dar, wobei für die Federschenkel die kreisbogenförmige 'Rigid Surface' das Blech darstellt (s.o.). Für die Tellerfeder wird die dem realen Blech entsprechende waagrechte 'Rigid Surface' zur Berechnung benutzt. Sobald die Federschenkel über das kreisbogenförmige Element hinaus gefügt sind, gilt für den weiteren Fügeverlauf die der Realität entsprechende 'Rigid Surface'. Der Verlauf der Reaktionskräfte des dargestellten Fügevorgangs aus Abb. 5.16 über dem Weg und der zugehörige Momentenverlauf sind in Abb. 5.17 dargestellt.

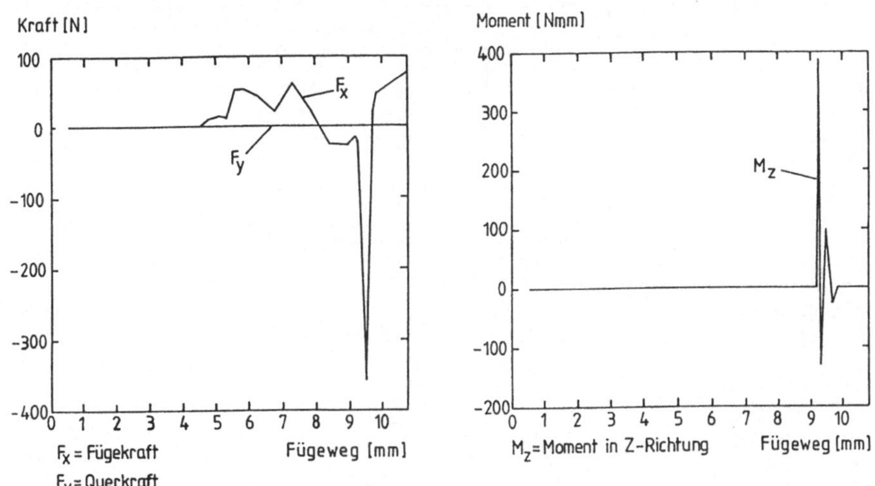

Abb. 5.17:   Über dem Fügeweg aufgetragene Reaktionskräfte in der Einspannung

o   <u>Fügen unter Versatz</u>

Es wird unter einem seitlichen Versatz von 0,7 mm ein Fügevorgang berechnet. Der Klips ist dabei starr eingespannt. Die markanten Stationen des Fügevorgangs werden analog zu den vorhergehenden Darstellungen nachvollzogen.

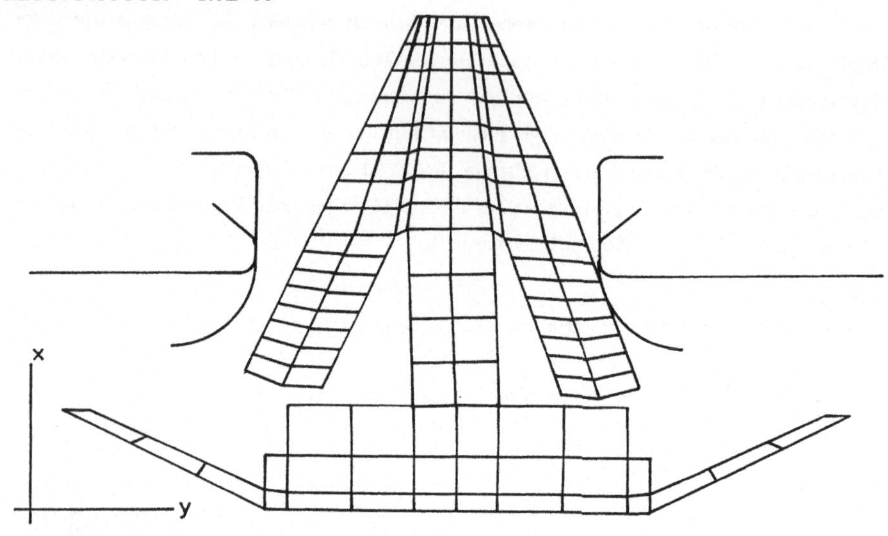

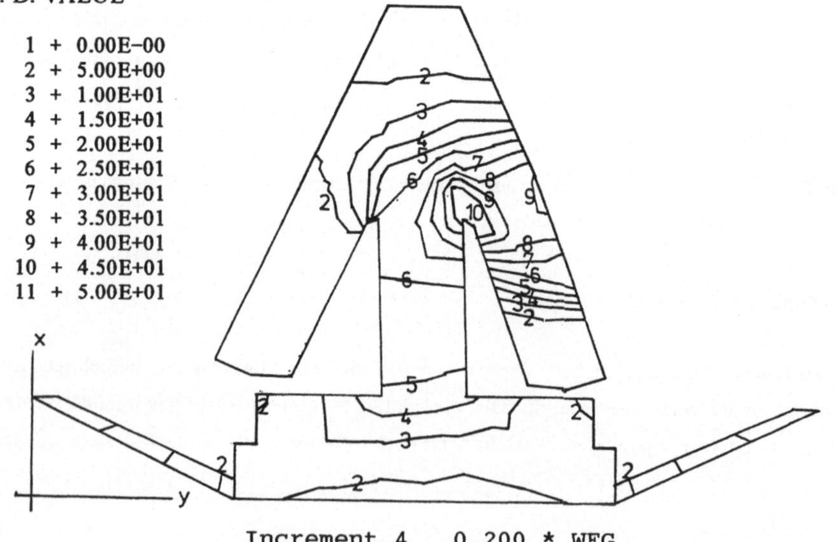

Abb. 5.18 a): Fügen unter Versatz bei starrer Einspannung

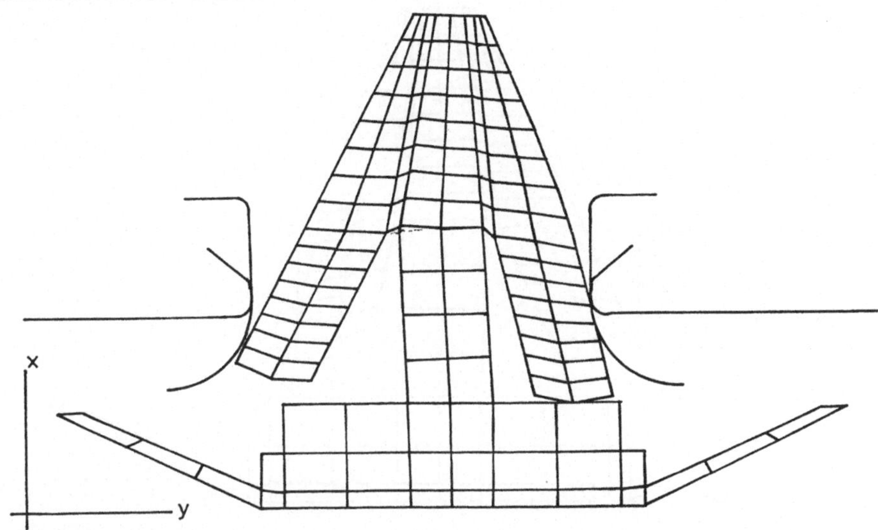

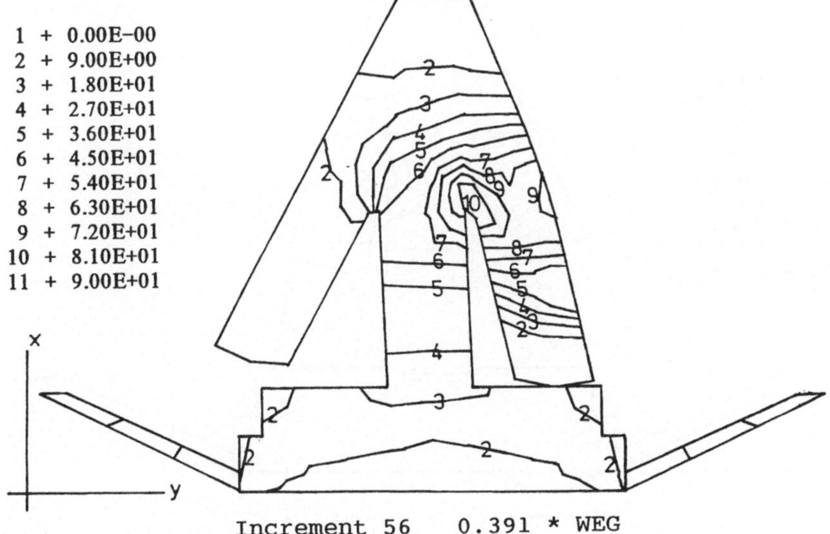

Abb. 5.18 b): Fügen unter Versatz bei starrer Einspannung

77

DISPLAY
SOLID LINES – DISPLAYED MESH
MAG. FACTOR = 1.0E+00

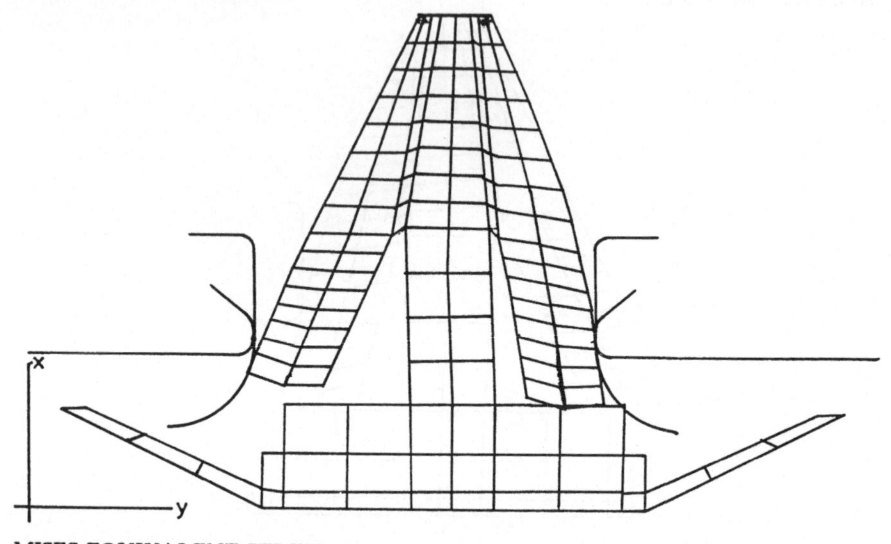

MISES EQUIVALENT STRESS
SECTION POINT 2
I. D. VALUE

```
 1 +  0.00E-00
 2 +  2.00E+01
 3 +  4.00E+01
 4 +  6.00E+01
 5 +  8.00E+01
 6 +  1.00E+02
 7 +  1.20E+02
 8 +  1.40E+02
 9 +  1.60E+02
10 +  1.80E+02
11 +  2.00E+02
```

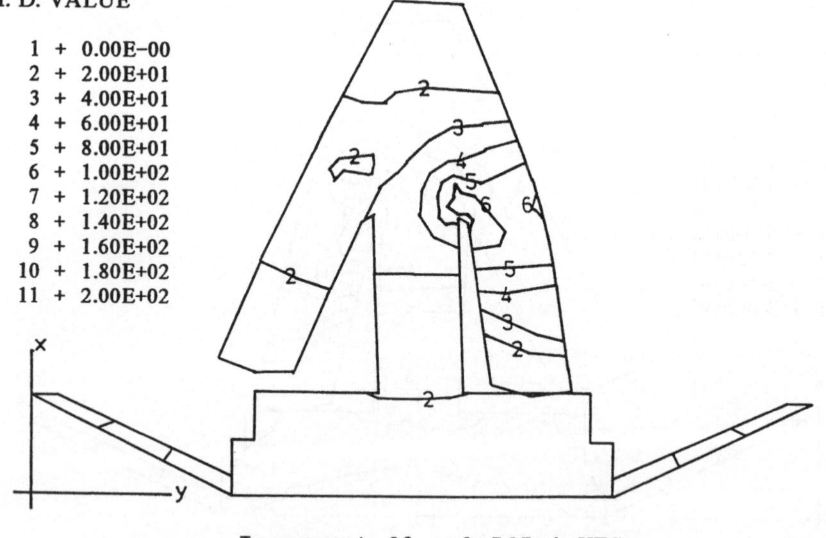

Increment 68   0.565 * WEG

Abb. 5.18 c): Fügen unter Versatz bei starrer Einspannung

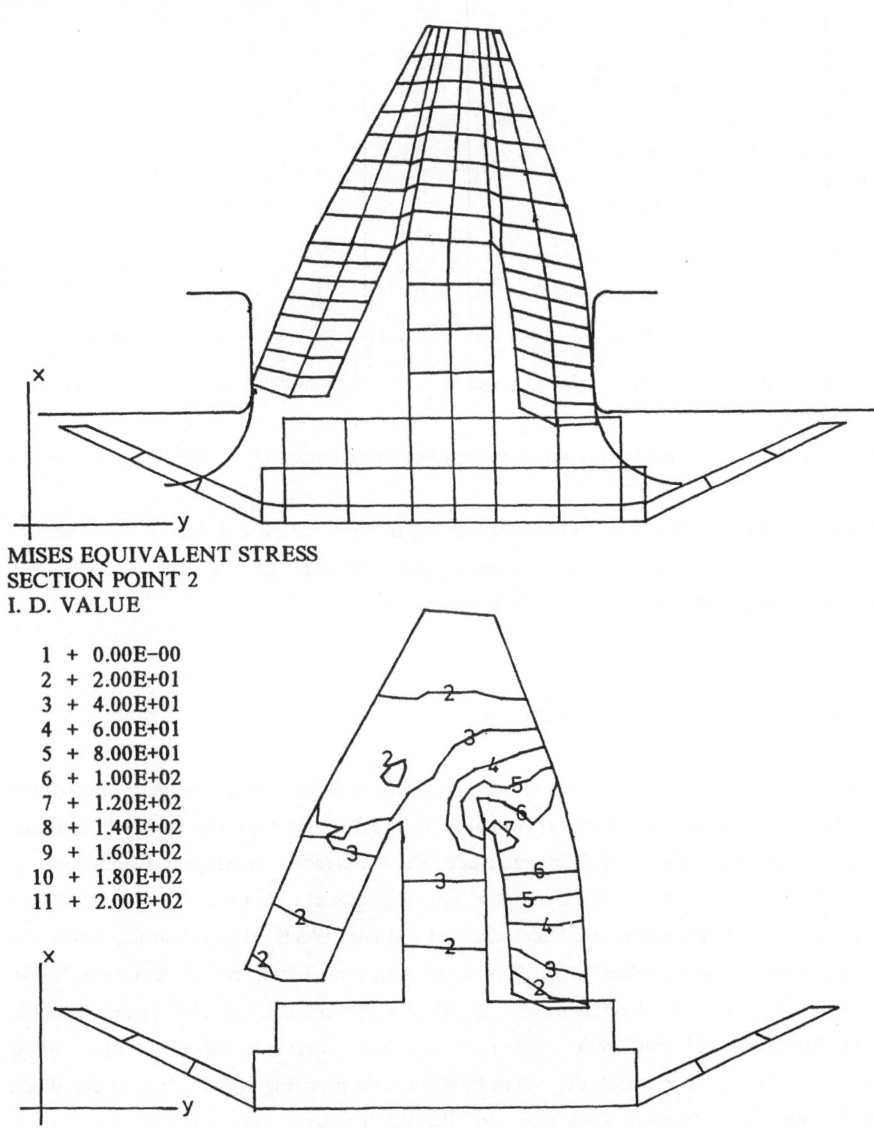

Abb. 5.18 d): Fügen unter Versatz bei starrer Einspannung

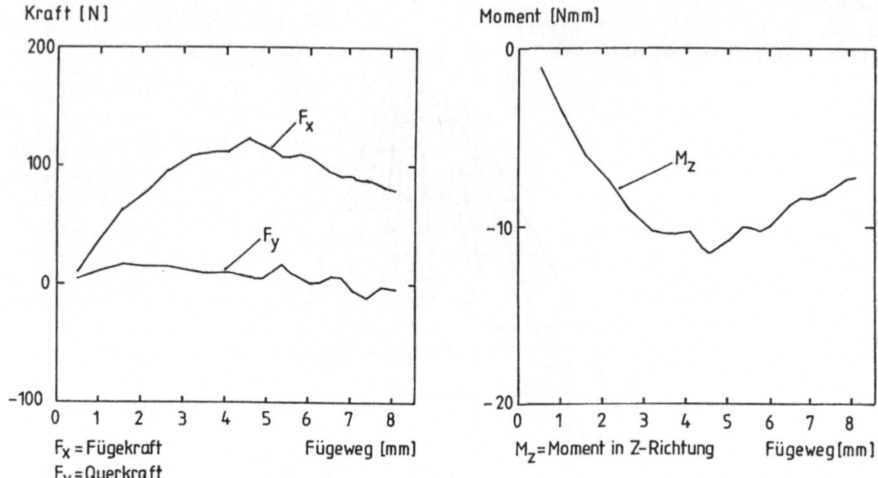

Abb. 5.19:   Über dem Fügeweg aufgetragene Reaktionskräfte in der Einspannung

Aufgrund der absolut starren Klipseinspannung in Verbindung mit dem Positionsversatz kann der Fügevorgang nicht erfolgreich beendet werden. Es tritt eine Kollision von Klips und Blech auf (Abb. 5.18 d)), Inkrement 124).

o   <u>Diskussion der Berechnungsergebnisse</u>

Von den möglichen Ausgabedaten werden für diese Untersuchungen nur die Reaktionskräfte in der Klipseinspannung verwendet (Abb. 5.17). Sie sind von Störeinflüssen aus den Vereinbarungen bei der Festlegung der "Rigid Surfaces" überlagert. Durch die von der Wirklichkeit abweichende Geometrie der "Rigid Surface" (s.o.), die zum Erreichen von tangentialer Berührung der Federschenkel mit dem Blech erforderlich ist, wurde die Verformung der Klipsschenkel ca. 2 mm verfrüht eingeleitet, da der Klips die "Rigid Surface" ca. 2 mm vor Erreichen des eigentlichen Bleches berührt. Der Fehler wird bis zum Einrasten auf null reduziert. Eine wirklichkeitsnähere Definition der "Rigid Surfaces" führt jedoch durch das schon beschriebene Eindringen des Klips in das Blech zu Konvergenzproblemen. Zusätzlich sind die Kraftverläufe von Schwingungen überlagert, die aus der unstetigen Krafteinleitung nur über die Strukturknoten resultieren.

Der Kurvenverlauf nach dem ersten Kontakt des Klipses mit dem Blech nach knapp 5 mm beschreibt das Ansteigen der Fügekraft bis zu einem Maximum. Es liegt bei zentrischem Fügen kurz vor dem Ende des Federschenkels bei ca. 70 N. Hinter dem Maximum fällt die Fügekraft bis zum Einrasten der Federschenkel ab.

Beim Einschnappen ergibt sich bei der FEM-Berechnung eine Lastspitze von einigen hundert Newton Zugbelastung. Die Lastspitze ist sehr schmal, die Zugbelastung wirkt also nur auf einer sehr kurzen Strecke. Allerdings wird der Klips durch diese Kraft stark beschleunigt und schießt in die Bohrung, bis der Klipsfuß auf dem Bohrungsrand auftrifft. Die Beschleunigung wird zum großen Teil von der Tellerfeder abgefangen.

Erwartungsgemäß treten während des zentrischen Fügens keine Querkräfte auf, das berechnete Moment um die z-Achse wird dadurch hervorgerufen, daß die Finite-Elemente-Berechnung eine Näherungsberechnung ist. So kommt es zustande, daß die beiden Klipsfederschenkel nicht exakt gleichzeitig einrasten und so der Momentensprung (Abb. 5.17) eingeleitet wird.

Beim Fügen unter Versatz kann der Klips im idealisierten Fall (FEM-Berechnung) nicht ausweichen und daher der Fügevorgang nicht erfolgreich beendet werden. Es tritt eine Kollision zwischen Klips und Blech auf. Dieses Ergebnis fordert schon die Integration eines nachgiebigen Elementes in das Montagewerkzeug.

Die Klipsverformung setzt schon beim ersten Kontakt mit dem Blech ein und führt zu einem Einknicken des Klipses. Durch den Versatz verursacht entsteht eine Querkraft, die in Verbindung mit dem Hebelarm zur Klipseinspannung ein Moment verursacht. Dieses anfangs sehr hohe Moment (Abb. 5.19) nimmt im weiteren Fügeverlauf aufgrund des kleiner werdenden Hebelarms vom Wirkort der Fügekraft zur Klipseinspannung ab und wird in die Verformung des Klipses umgewandelt. Das Maximum der Fügekraft liegt hier bei 120 N; die durch den Versatz hervorgerufenen Querkräfte verursachen aufgrund der Reibung die höhere Kraft in Fügerichtung im Vergleich zum zentrischen Fügen.

Aufgrund der oben erwähnten Kollision des Klipses mit dem Blech bei starrer Einspannung sind Versuche mit komplienter Klipsfixierung durchgeführt worden, um die Anzahl der erfolgreich gefügten Klipse zu steigern.

Der Fall einer komplienten Klipseinspannung kann aufgrund mangelhafter technischer Voraussetzungen noch nicht erfolgreich berechnet werden. Die errechneten Ergebnisse weichen aufgrund der systembedingten groben Vereinfachungen stark von später ausgeführten Messungen ab. Realistischere Annahmen führen beim Berechnen zu Konvergenzproblemen.

5.6 Vorschläge zur montagegerechten Klipsgestaltung

Aus den bisher erfolgten Berechnungen und den praktischen Versuchen (siehe Kap. 3) lassen sich Ansätze für eine günstigere Gestaltung der Klipse finden. Die FEM-Berechnungen des Fügevorganges zeigen zwei Bereiche des Klipses, die sehr hohen Spannungen ausgesetzt sind. Dies ist vor allem der Kerbgrund (Abb. 5.20 A) und an zweiter Stelle das äußere Ende der Federschenkel (Abb. 5.20 B).

Konstruktive Maßnahmen sollten darauf abzielen, die hohen Spannungen in diesen Bereichen abzubauen, wodurch eine Verringerung der Belastung der Klipse erwartet werden kann. Es ist aber zu beachten, daß Veränderungen der Klipsgestalt Auswirkungen auf die Festigkeit der Klipsverbindung haben können. Deshalb ist es sinnvoll, auch den Einfluß auf die Sicherheit gegen Lösen der Verbindung zu überprüfen. Hierzu wurde eine weitere FEM-Untersuchung zur Darstellung der inneren Spannungen und der Beanspruchungen beim Lösen des Klips vorgenommen (Abb. 5.21).

DISPLAY
SOLID LINES – DISPLAYED MESH
MAG. FACTOR = 1.0E+00

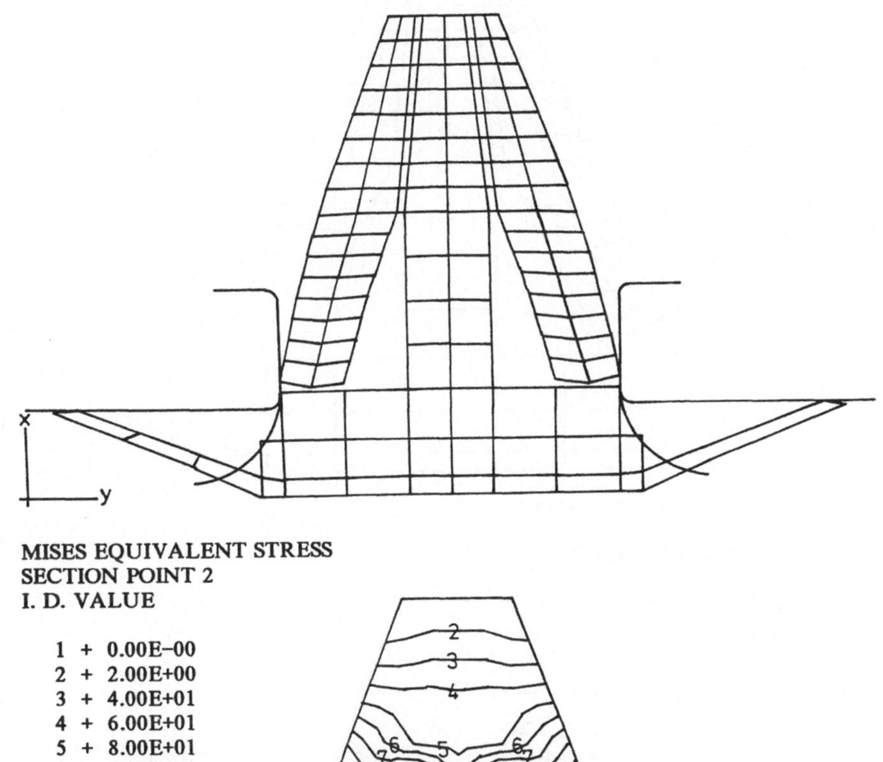

Abb. 5.20:   Belastung am Klips beim Fügevorgang

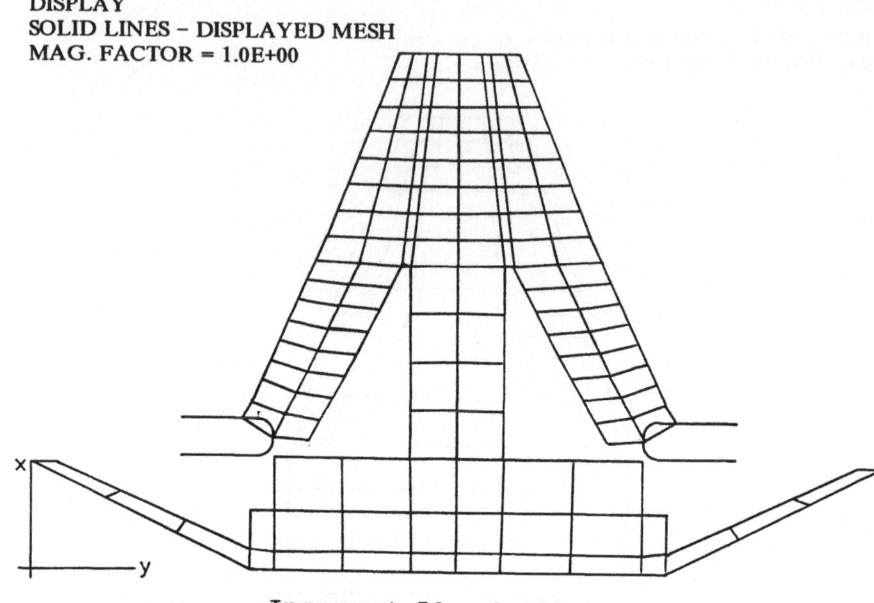

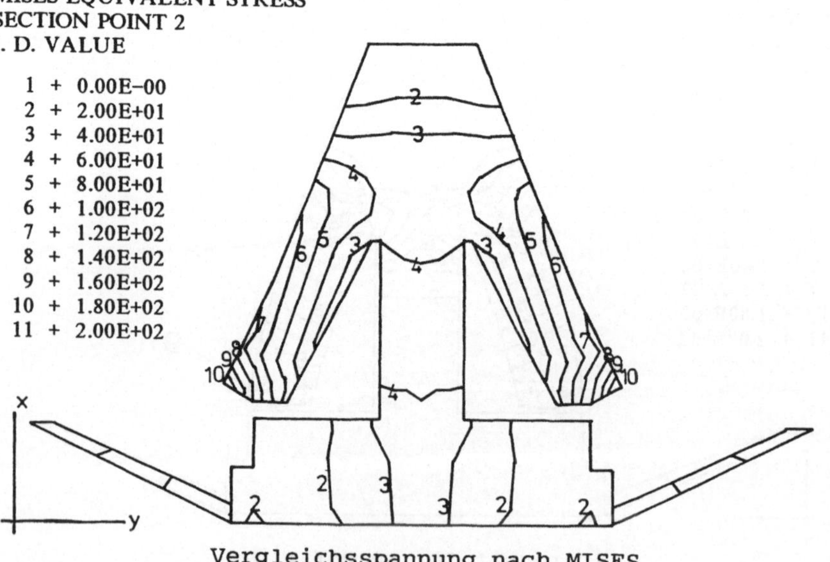

Abb. 5.21 a): Spannungen im Klips beim Löseversuch

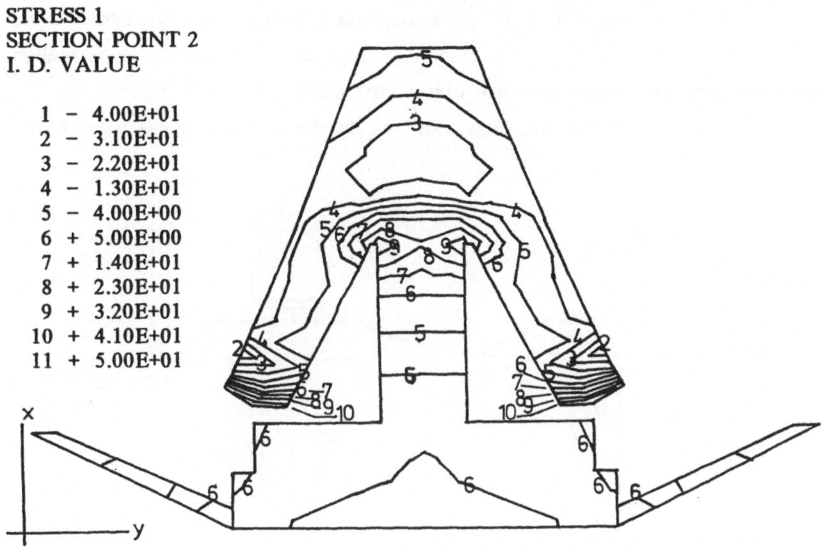

Spannung in X-Richtung

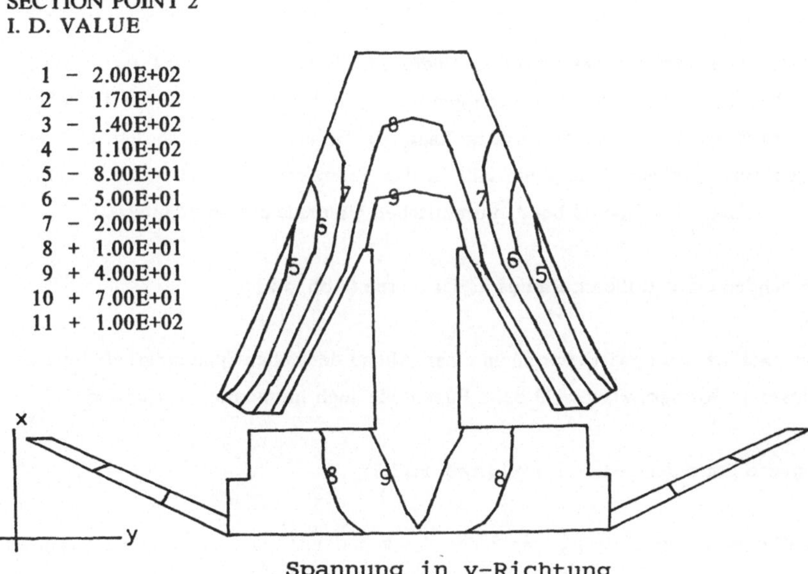

Spannung in y-Richtung

Abb. 5.21 b): Spannungen im Klips beim Löseversuch

Wie in Abb. 5.21 an der Anhäufung der Spannungslinien an den Enden der Federschenkel und im Kerbgrund zu erkennen ist, sind beim Löseversuch wiederum diese Stellen des Klipses am meisten beansprucht. Auf dieser Grundlage lassen sich folgende Gestaltungsvorschläge zur Reduzierung der Fügekraft und der Klipsbelastung aufstellen (Abb. 5.22):

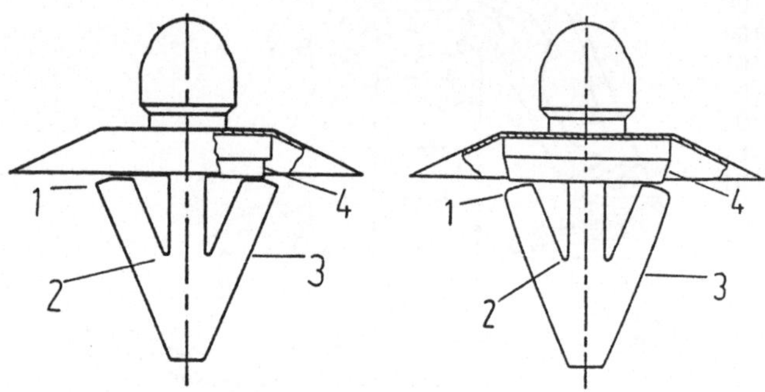

Abb. 5.22:   Istzustand und verbesserte Klipsgestalt

1.   Einführen eines Radius an den äußeren Kanten der Federschenkel (Abb. 5.22 1)

Durch einen Radius an den äußeren Enden der Federschenkel wird das ruckartige Einschnappen der Schenkel im Blech gemindert, so daß der Aufprall der Tellerfeder auf das Blech abgeschwächt wird. So kann die Gefahr behoben werden, daß beim Fügen unter großem Versatz ein Riß in der Tellerfeder entsteht. (Das Phänomen wird im folgenden Kapitel bei den praktischen Untersuchungen erläutert).

2.   Verwenden eines größeren Radius in der Kerbe (Abb. 5.22 2)

Diese Maßnahme bewirkt vor allem einen Abbau der hohen Spannungsbelastung des Klipses im Kerbgrund, sowohl beim Fügen wie auch im montierten Zustand.

3.   Konvexe Form der Federschenkel (Abb. 5.22 3)

Eine konvexe Ausgestaltung der Federschenkelaußenflächen läßt folgenden Vorteil erwarten: Beim Fügen verformen sich die Schenkel so, daß die Tangente fast parallel zur Bohrungsachse verläuft. Während des Fügevorganges ist eine erheblich verringerte Fügekraft zu erwarten, die gegen Ende des Fügens fast nur noch Reibkräfte überwinden muß.

4. Kegelförmige Gestaltung des Klipsfuß-Durchmessers (Abb. 5.22 4)

In praktischen Versuchen (im folgenden Kapitel erläutert) wurde festgestellt, daß bei Fügevorgängen unter großem Versatz durch die hohen Kräfte Risse in der Tellerfeder auftreten können. Diese Gefahr wird durch einen kegelförmigen Klipsfuß vermindert, da hier bei einer Auslegung als Preßpassung ein Teil der beim Einschnappen verursachten Kräfte aufgefangen werden.

Zur Überprüfung dieser Berechnungen wird nun ein Versuchsstand zur Messung der beim Fügen auftretenden Kräfte aufgebaut.

6 Experimentelle Analyse des Fügevorgangs beim Klipsen

6.1 Messung der Fügekräfte und –momente

6.1.1 Versuchsaufbau

Ziel der Untersuchung ist es, den Fügevorgang beim Klipsen im Hinblick auf die automatische Montage durch Roboter zu analysieren. Dazu werden die Versuche unter Verwendung eines Roboters durchgeführt (Abb. 6.1).

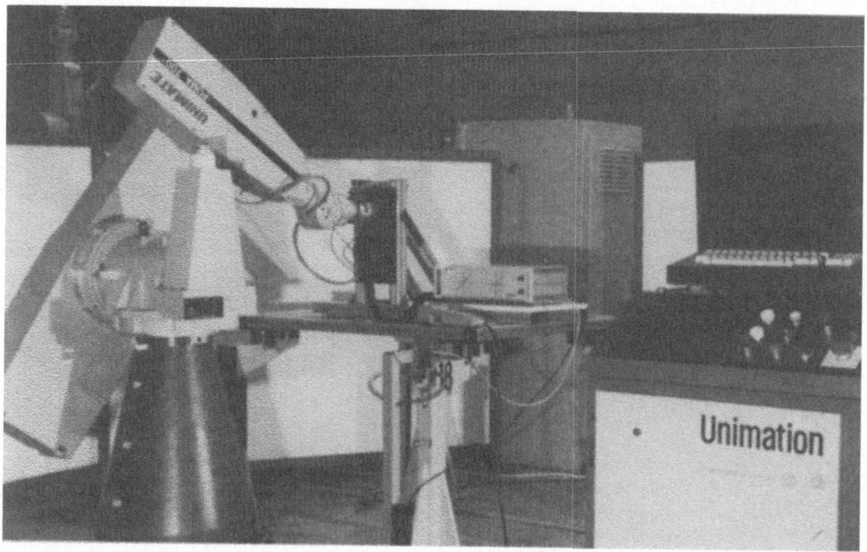

Abb. 6.1:   Aufbau der Versuchsstation zur Fügekraftmessung

Aufgrund der diesen Betriebsmitteln (Abb. 6.1) eigenen Nachgiebigkeit unterscheiden sich so ermittelte Messungen von Werten, die bei absolut fester Einspannung der Klipse gewonnen würden. Um für eine praktisch eingesetzte Montagezelle gültige Meßwerte zu erhalten, wurde die Fügekraft durch einen Druckluftzylinder aufgebracht, wie es beim realen Effektor der Fall ist.

6.1.2   <u>Verwendete Geräte</u>

o   <u>Industrieroboter</u>

Für die Versuche wurde ein sechsachsiger Vertikalknickarm-Roboter der Fa. Unima-
tion, Modell Puma 762, gewählt (Abb. 6.1). Er verfügt über eine schnelle Steuerung und
eine höhere Programmiersprache (Val II). Für die Sensorabfrage stehen acht Analogein-
gänge zur Verfügung, durch die anliegende Spannungen über A-D-Wandler in digitale
Signale umgewandelt werden können. Die Steuerung wurde an einen übergeordneten
Rechner (Vax 11/ 750, Fa. Digital Equipment) gekoppelt, der die Meßwerte aufnimmt
und weiterverarbeitet.

o   <u>Pneumatikzylinder</u>

In einem Klipseffektor einer Montagezelle führt ein Pneumatikzylinder die Fügebewegung aus. Um diesem Aufbau weitgehend zu entsprechen, wird hier im Versuchsstand
ebenfalls ein Druckluftzylinder zum Fügen der Klipse eingesetzt.

o   <u>Kraft-Momenten-Sensor</u>

Ein Kraft-Momenten-Sensor ist ein taktiler Sensor, mit dem die an seiner Oberfläche
wirkenden Kräfte und Momente bezüglich der drei Raumachsen eines kartesischen Ko-
ordinatensystems gemessen werden können. Das verwendete Gerät der Fa. Dr. Seitner
(eine Entwicklung der DFVLR) vom Typ 2s wandelt die angreifenden Kräfte und Momente mit Hilfe von Dehnmeßstreifen in elektrische Signale um. Der Meßbereich beträgt 0 bis 200 N mit 2% Meßunsicherheit. Zur Auswertung dieser Signale wird eine da-
zugehörige Analog-Einheit verwendet, die die Meßgrößen in sechs analoge Spannungen
für die Kräfte und Momente umwandelt (bei einer Eingangsgenauigkeit von 0.1% Verstärkung und 60 dB im Dynamikbereich). Die mit diesem Sensor erreichbare Abtastfre-
quenz ist bei Verwendung analoger Signale von der Geschwindigkeit des angeschlossenen
A-D-Wandlers abhängig. Mit dem Wandler der Steuerung des PUMA 762 kann eine Ab-
tastfrequenz von 300 Hz für einen kompletten Meßzyklus erreicht werden.

Die Fügekräfte und -momente sollen Aufschluß über den Fügeprozeß geben. Daher wurde der Kraft-Momenten-Sensor möglichst nahe am Klips zwischen dem Fügezylinder und der Klipsaufnahme angebracht (Abb. 6.2).

o   <u>Wegaufnehmer</u>

Für die Messung des Fügeweges ist eine Länge von mind. 10 mm bei einer Genauigkeit von +/- 0,05 mm erforderlich. Für diesen Anwendungsfall wurde die Meßwerterfassung über das Linear-Potentiometer Linopot TR5 25 mit 0,2% Linearität der Fa. Novotechnik gewählt. Das Gerät läßt eine Verstellgeschwindigkeit bis 10 m/s zu. Die Ausgangsspannung dieses Aufnehmers wird über einen Operationsverstärker in einen Analogeingang der Robotersteuerung weitergeleitet.

Die Messung der Relativbewegung zwischen Klips und Versuchsblech findet direkt am Klips statt. Dazu ist auf der Rückseite des Versuchblechs der Wegtaster angebracht, dessen Tastkopf bei Versuchsbeginn auf der Bohrung aufliegt und beim Fügen von der Klipsspitze zurückgeschoben wird (Abb. 6.2).

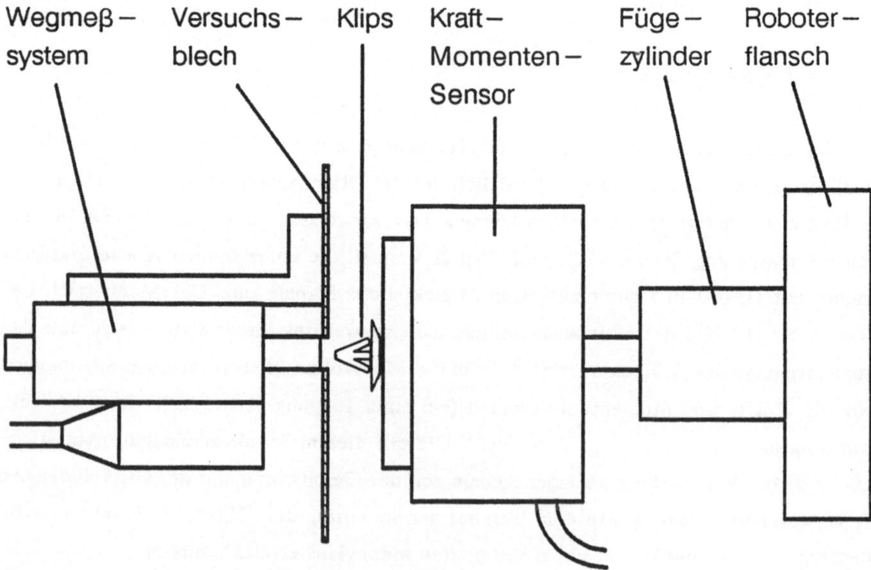

Abb. 6.2:   Aufbau zur Fügekraft- und Wegmessung

Abb. 6.3:   a) Starre Einspannung   b) Kompliente Einspannung

Zu Beginn eines Versuches muß die feste oder kompliente Klipseinspannung ausgewählt und auf den Kraft–Momenten–Sensor montiert werden (Abb. 6.3). Dabei besteht die kompliente (nachgiebige) Klipsaufnahme aus einem Gummielement zum Ausgleich von Postionstoleranzen. Vom Benutzer gesteuert wird der Roboter vor eine Bohrung des Versuchsbleches gefahren; die Position des Effektors zentrisch zur Bohrung wird der Robotersteuerung einprogrammiert. Durch numerische Eingabe wird der zu untersuchende Versatz in y– oder z–Richtung (senkrecht zur Fügerichtung) festgelegt. Nach dem Positionieren des Wegtasters hinter der Fügestelle kann das Blechniveau zum Ablgeich der Messung aufgenommen werden. Dann startet das Roboterprogramm ″Messen″: Der Kurzhubzylinder fährt zurück, der Roboter bewegt sich zur programmierten Fügeposition. Durch Ausfahren des Kurzhubzylinders beginnt der Fügevorgang. Während der nächsten ca. 0,8 Sekunden werden die Kanäle 0...6 des AD–Wandlers, an denen die Meßspannungen des Kraft–Momenten–Sensors und des Wegtasters anliegen, abgefragt. Die Spannungen werden digitalisiert, auf die entsprechenden Größen umgerechnet und im Arbeitsspeicher des Roboters abgelegt. Nach dem Öffnen der Klipseinspannung (bei der komplienten Einspannung nicht notwendig) fährt erst der Kurzhub–Zylinder und dann der

Roboter zurück. Die Meßwerte werden an den Leitrechner VAX 11/750 über die "Super-
visor"-Schnittstelle der Puma-Steuerung übergeben. Es erfolgt dann die Umsetzung der
Meßwerte zu Diagrammen und die Ausgabe auf den Plotter. Abb. 6.4 gibt eine Übersicht, wie die einzelnen Geräte des Versuchsaufbaus zur Messung der Fügekräfte verket-
tet waren:

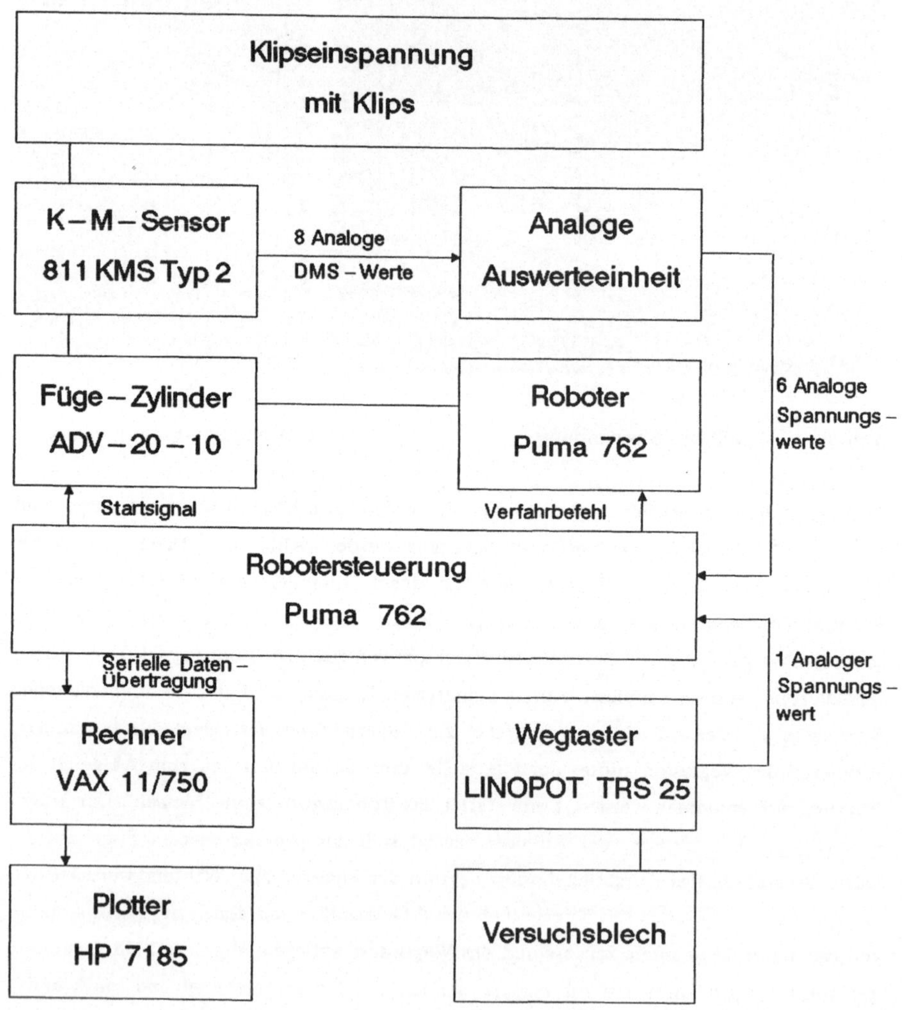

Abb. 6.4:   Verkettung der Geräte zur Fügekraftmessung

6.2 Darstellung der Meßergebnisse

6.2.1   Photographische Analyse des Fügevorganges

Zur Veranschaulichung des Fügevorgangs wird vorab eine photographisch Analyse beim
Fügen unter Versatz mit komplienter Klipseinspannung durchgeführt. Abb. 6.5 zeigt den
Fügevorgang bei komplienter Klipseinspannung in einer Bildfolge, die bei einem Fügevorgang unter 3 mm Versatz in y–Richtung aufgenommen wurde. Die Aufnahmen schil-
dern sehr anschaulich das Verhalten des komplienten Systems. Nach dem Auftreffen des
Klipses auf das Blech weicht der Klips vom ersten Berührpunkt mit dem Blech auf den
gegenüberliegenden zweiten aus. Dabei knickt die Klipsachse von der Bohrungsachse
weg, so daß durch die Schrägstellung des Klipses der seitliche Versatz ausgeglichen
wird. Das kompliente System muß hier also einen neu entstehenden Winkelfehler
ausgleichen. Beim weiteren Verlauf des Fügevorgangs dringt der Klips weiter in die
Bohrung ein, wobei er gleichzeitig wieder zentriert wird, d.h. die Klipsachse nähert sich
der Bohrungsachse. Das kompliente System wird nun immer weniger mit einem Winkelfehler und um so mehr mit seitlichem Versatz belastet. Beim Einrasten des Klipses sind
dann Klips- und Bohrungsachse identisch, der Versatz von 3 mm wird voll vom komplienten System aufgefangen.

Als Grundlage für die weitere Untersuchung werden die Kraftverläufe über der Füge-
zeit sowie dem Fügeweg graphisch aufgetragen. Für die qualitative Interpretation des
Fügevorgangs werden einige typische Fügekraftverläufe herausgegriffen. Für die quantitative Analyse des Fügevorgangs und den Vergleich der Meßwerte mit den Berechnungen werden alle aufgenommenen Kraftverläufe ausgewertet.

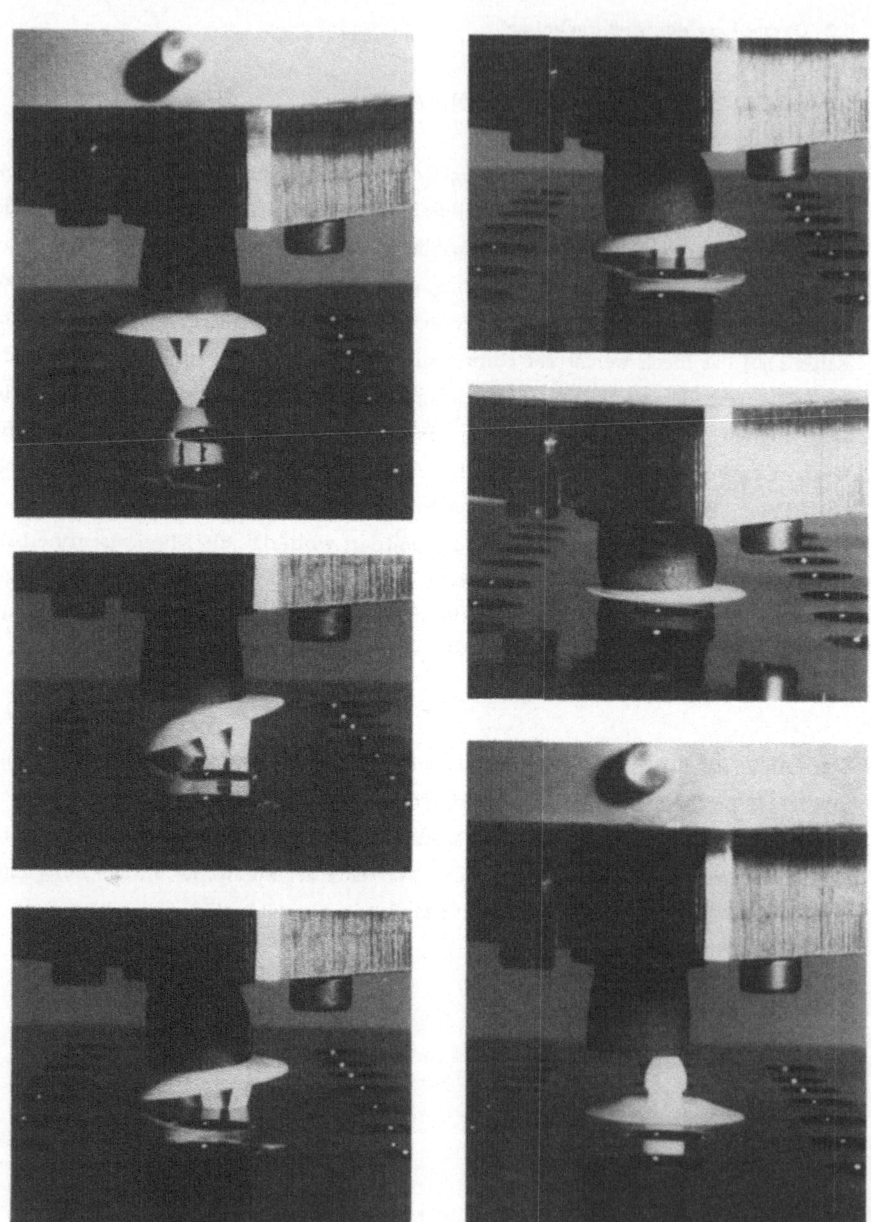

Abb. 6.5: Fügevorgang bei komplienter Klipseinspannung

6.2.2 Darstellung der Kraftverläufe über der Zeit

Aufgrund der zeitlich konstanten Abtastintervalle des Kraft–Momenten–Sensors kann man die Meßwerte der Kräfte und Momente in einem Koordinatensystem über der Zeit aufzeichnen (Abb. 6.6, 6.7). Die Meßwerte werden an der Ordinate aufgetragen, die Abszisse entspricht der Zeit. Der Maßstab dieser Darstellung wurde an die Meßwerte angepaßt. Aus den erhaltenen Kurvenverläufen können Aussagen über die Beträge der Reaktionskräfte gewonnen werden. Die direkte Zuordnung auf Wirkstellen am Klips, die für die Untersuchung des Fügevorgangs wünschenswert ist, kann bei dieser Ausgabeart allerdings nicht vorgenommen werden.

6.2.3 Darstellung der Kraftverläufe über dem Weg

Für die Darstellung der Kräfte und Momente in Relation zum Fügeweg werden die Meßwerte des Kraft–Momenten–Sensors in Beziehung zu den Meßwerten des Wegtasters gesetzt. Der Klips im Halbschnitt oberhalb der Meßkurven ermöglicht einen direkten Bezug der Meßwerte auf die Klipsgeometrie (Abb.6.8 –6.12).

Aufgetragen werden der gemessene Kraftverlauf in Fügerichtung sowie der Verlauf der beiden Momente um die Querachsen (senkrecht zur Fügerichtung). Das Moment um die Fügeachse kann wegen der freien Drehbarkeit des Klipses gegenüber dem Fügezylinder keine Meßwerte liefern und bleibt deshalb in der Auswertung unberücksichtigt. Die Kraftverläufe der Querkräfte F_y und F_z können aus den Momentenverläufen von M_z und M_y hergeleitet werden; sie ergeben keine zusätzlichen Aussagen über den Fügeverlauf, weshalb sie ebenfalls unberücksichtigt bleiben. Dies hat den Vorteil, daß nur vier analoge Spannungen digitalisiert werden müssen: der Fügeweg, die Fügekraft und die beim Fügen entstehenden Momente. Für einen kompletten Meßzyklus wurden ca. 3 ms benötigt.

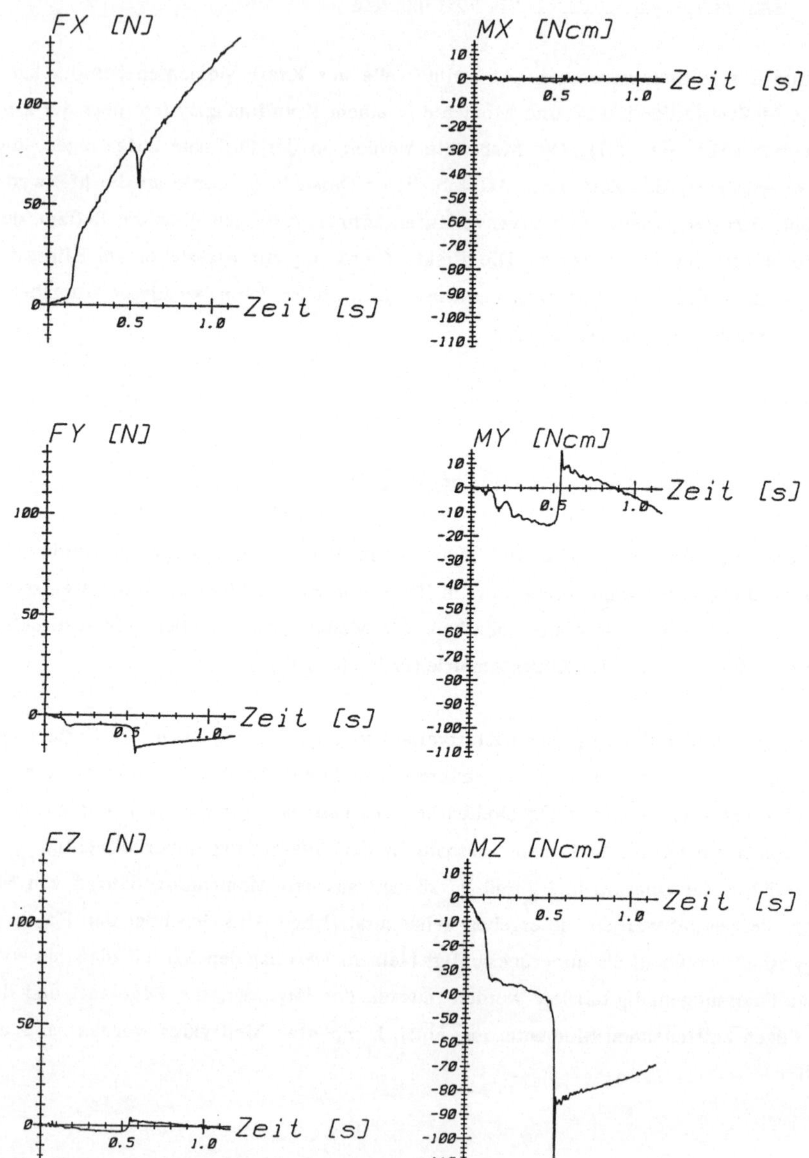

Abb. 6.6: Fügekräfte und −momente über der Zeit bei 3.5 mm Versatz in y−Richtung mit komplienter Klipseinspannung

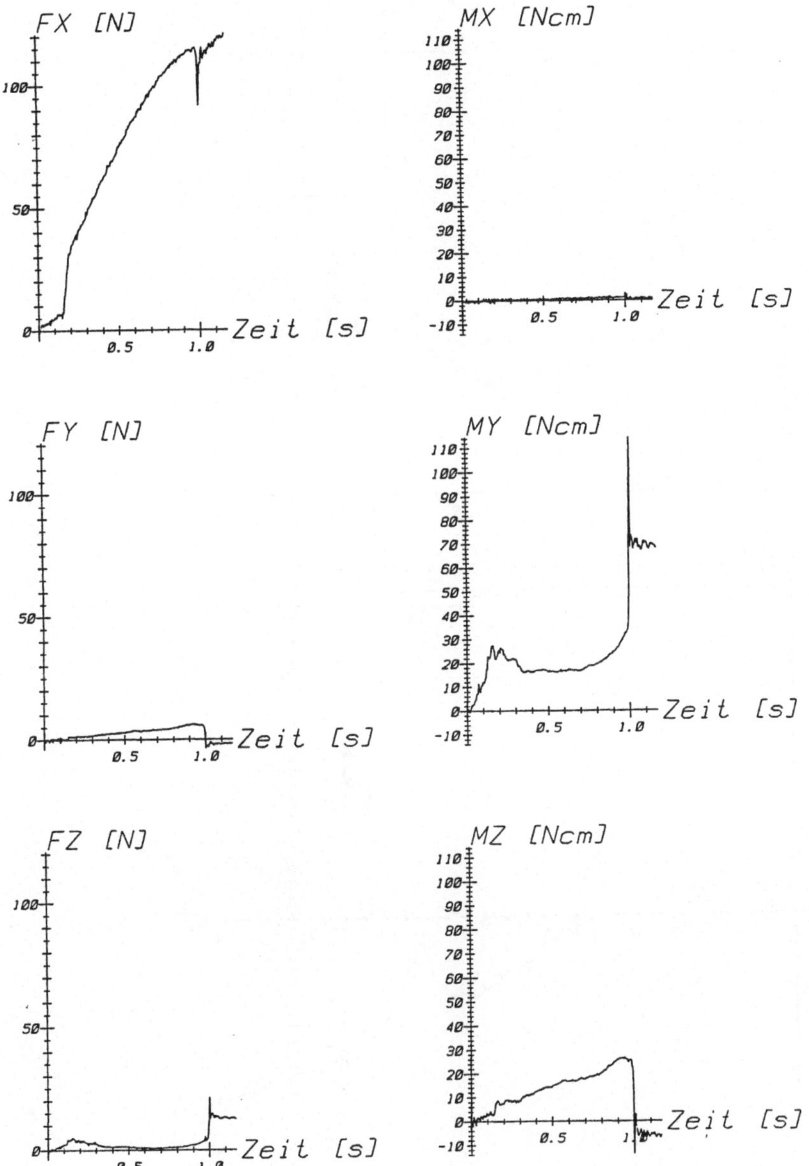

Abb. 6.7: Fügekräfte und –momente über der Zeit bei 3.5 mm Versatz in z–Richtung mit komplienter Einspannung

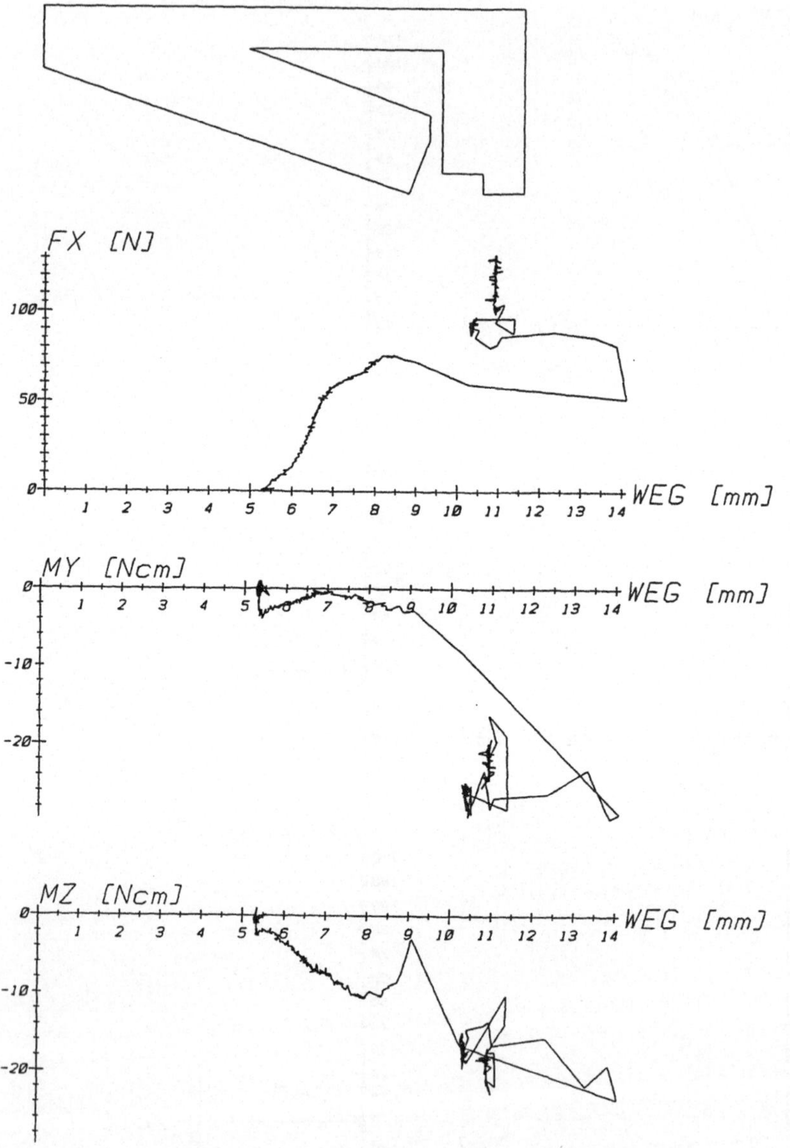

Abb. 6.8:   Fügekräfte und -momente abhängig vom Fügeweg bei zentrischem Fügen mit komplienter Klipseinspannung

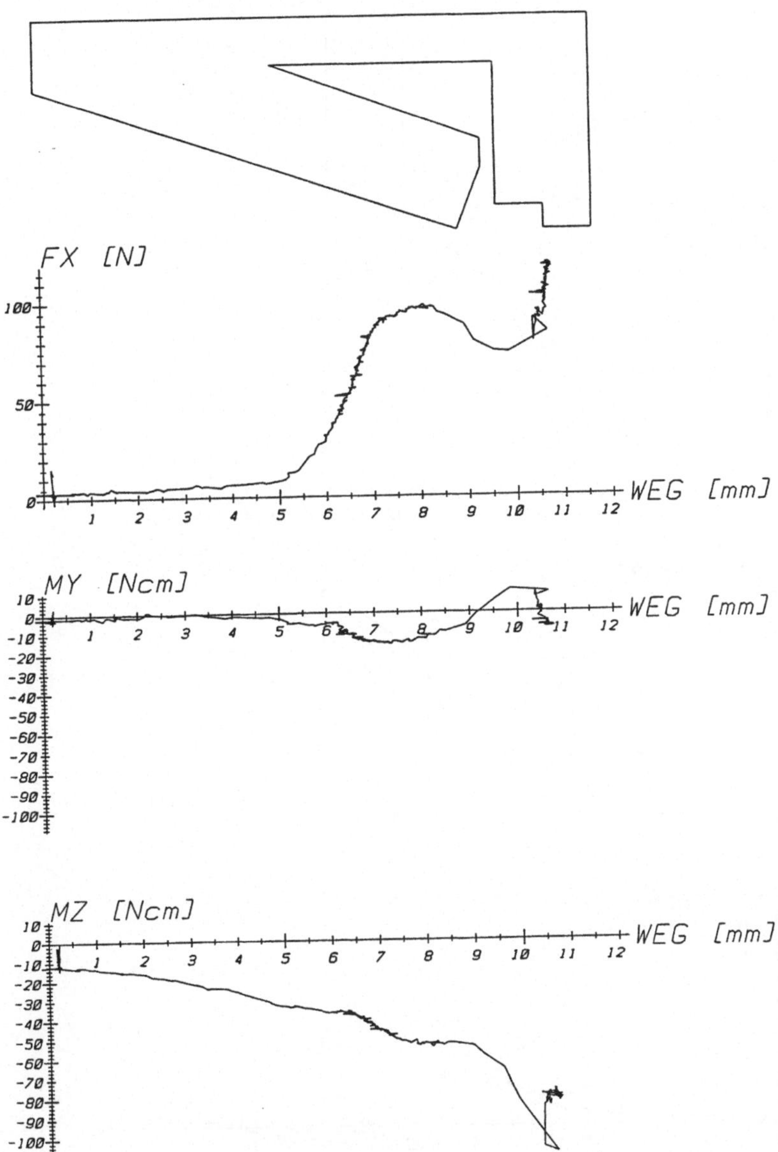

Abb. 6.9: Fügekräfte und –momente bei 3.5 mm Versatz in y–Richtung mit komplienter Klipseinspannung

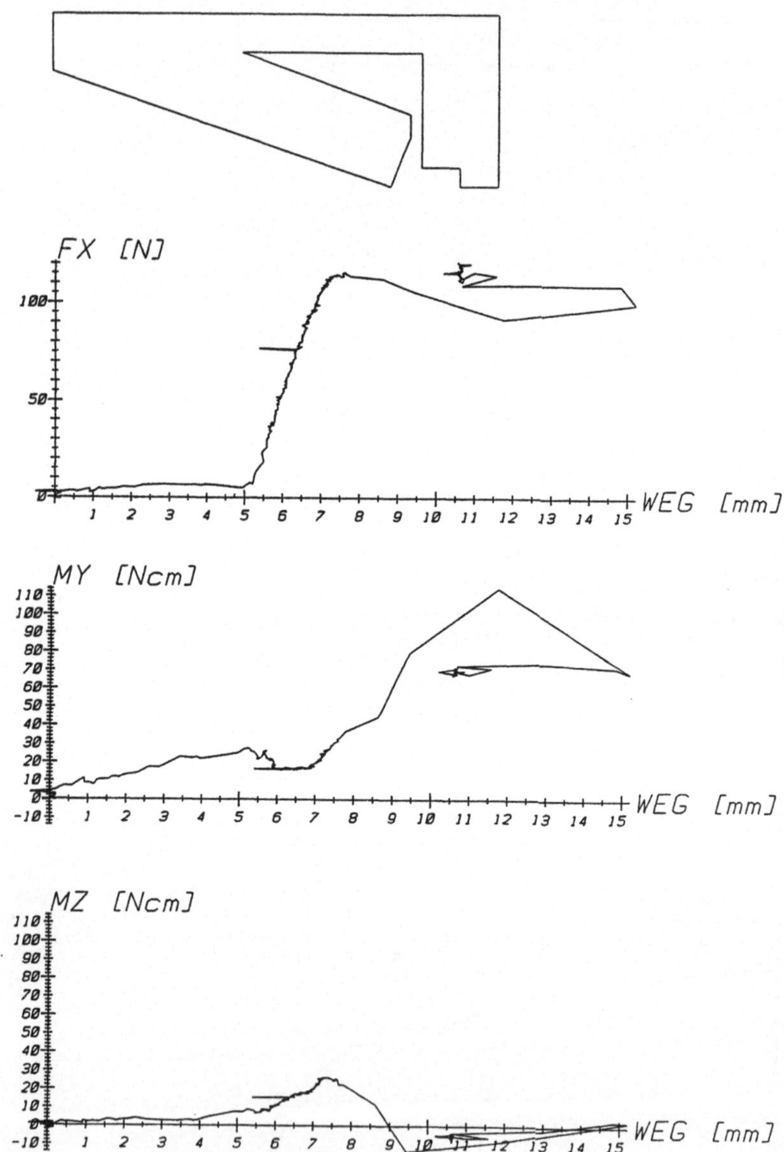

Abb. 6.10: Fügekräfte und -momente bei 3.5 mm Versatz in z-Richtung mit komplienter Klipseinspannung

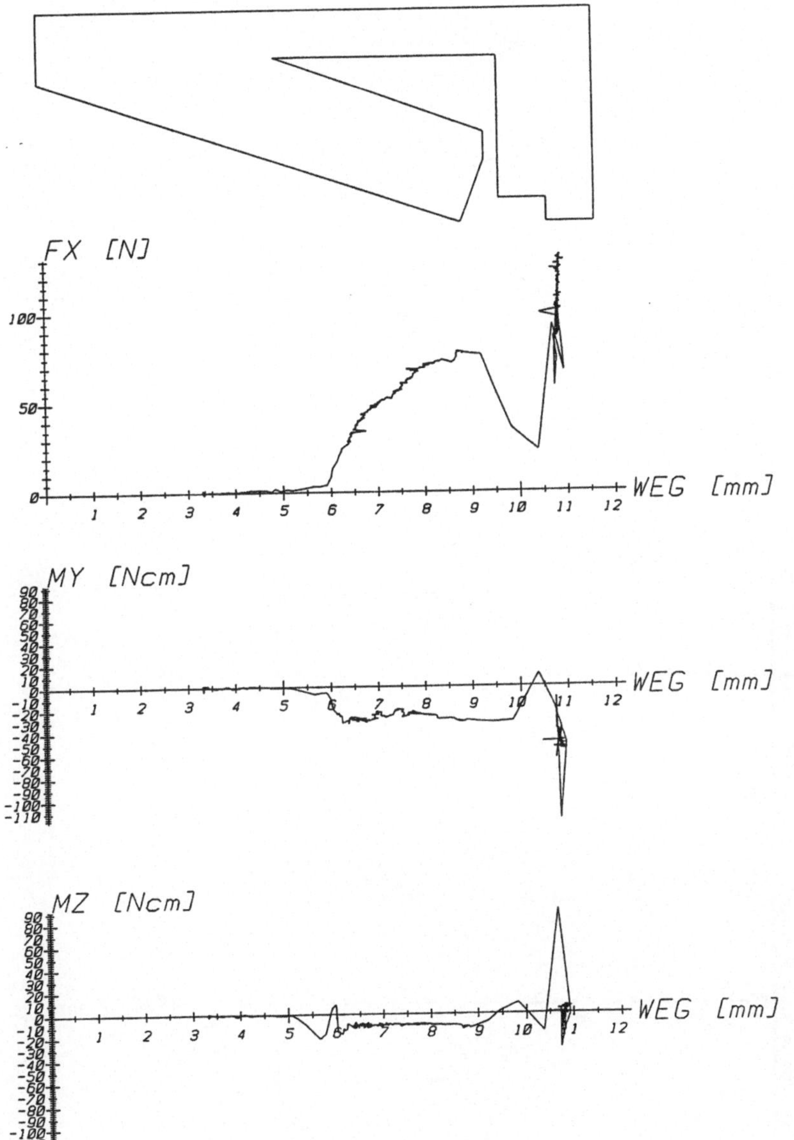

Abb. 6.11: Fügekräfte und -momente bei zentrischem Fügen mit starrer Klipseinspannung

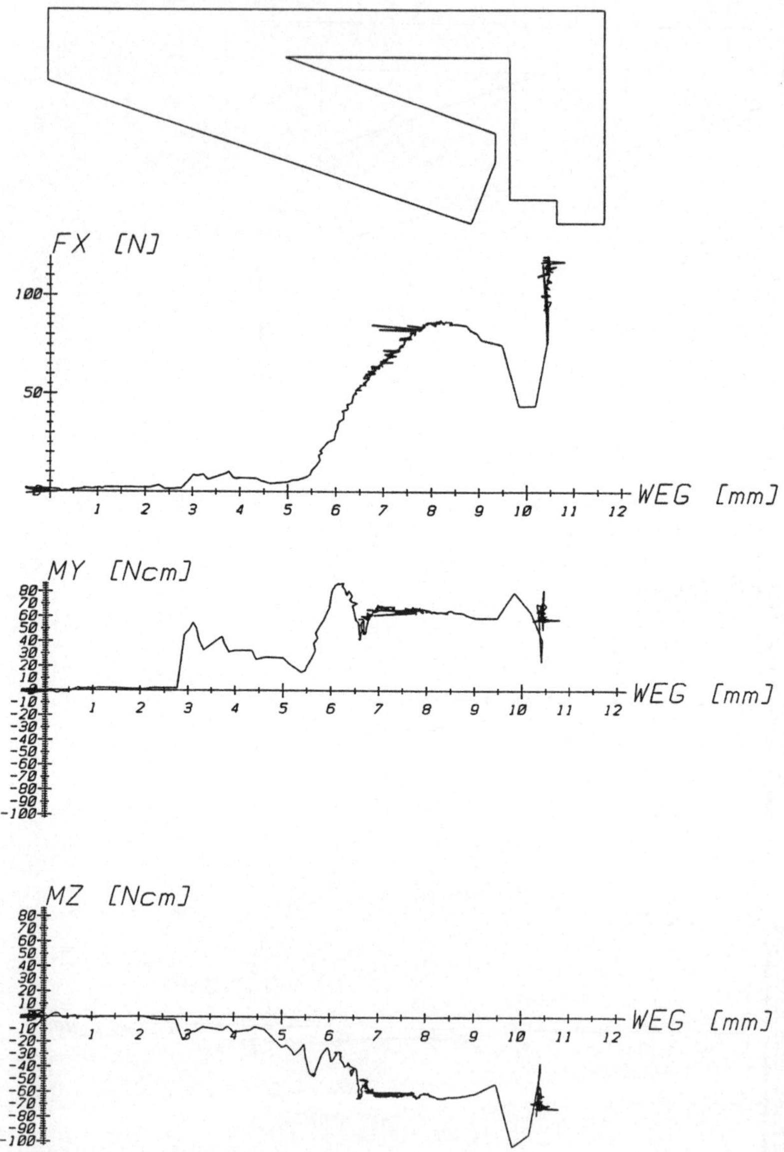

Abb. 6.12: Fügekräfte und -momente bei je 1 mm Versatz in y- und z-Richtung mit starrer Klipseinspannung

102

6.3 Auswertung der Meßergebnisse

6.3.1   Zusammenfassung

Als Grundlage für die Auswertung der Fügekraftmessungen dienten über 100 Versuche. Dabei stellte sich heraus, daß die auftretenden Kräfte beim Fügen unter Versatz stark anstiegen. Bei Verwendung einer komplienten Klipseinspannung konnte dieser Anstieg der Belastungen im Gegensatz zum Fügen mit starrem System erheblich reduziert werden. Weiterhin bewirkte die Verwendung des komplienten Systems, daß bei diesem Versuchsaufbau bis zu einem seitlichen Versatz von 4 mm noch erfolgreich gefügt werden konnte. Zur Beschreibung der auftretenden Kräfte, Momente und des Versatzes wurde das in Abb. 6.13 gezeigte Koordinatensystem gewählt. Die Längsachse des Klipses ist die x-Achse. Die y-Achse ist die Schnittgerade der Stirnflächen-Ebene des K-M-Sensors mit derjenigen Symmetrieebene des Klipses, die durch die Federschenkel verläuft. Die z-Achse steht senkrecht zu beiden.

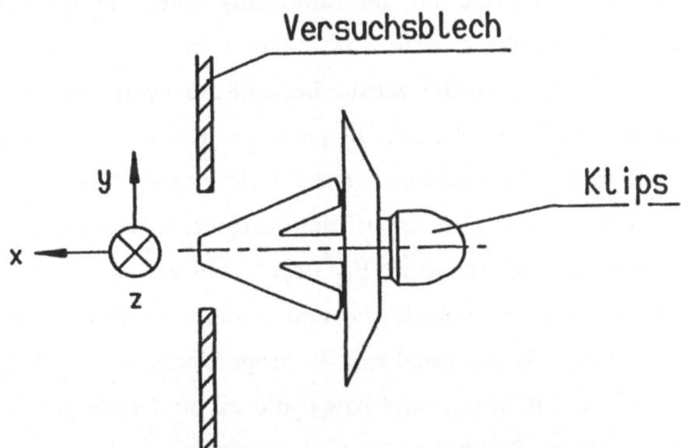

Abb. 6.13:   Koordinatensystem für die Fügeversuche

6.3.2   Diskussion des Fügevorganges

Die nun folgende Diskussion des Fügevorganges bezieht sich auf einen Versuch, der mit 3 mm Versatz in y-Richtung und einer komplienten Klipseinspannung gefahren wurde.

Während des Fügens ändern sich die Berührungsflächen von Klips und Bohrung. Es tritt sowohl Gleit- als auch Haftreibung auf. Dementsprechend lassen sich die in Abb. 6.14 gezeigten sechs charakteristischen Phasen des Fügevorgangs unterscheiden.

In der ersten Phase rückt der Klips in die Bohrung vor, ohne ihren Rand zu berühren. Der Kraft-Momenten-Sensor überträgt nur diejenigen Massenträgheitskräfte von Klips, Klipseinspannung und den Sensorelementen, die sich zwischen Klips und DMS-Streifen befinden. Die Massenträgheitskräfte werden dabei nicht nur durch die Fügebewegung an sich, sondern auch durch das nicht exakt gleichmäßige Verfahren des Fügezylinders hervorgerufen. Am Anfang des Diagramms sind leichte Schwingungen des Wegmeßsystems zu erkennen. Hier stößt der Klips auf den Kopf des Wegaufnehmers. Dabei wird das Wegmeßsystem eine kleine Strecke von der Klipsspitze weggestoßen. Die Andrückfeder und die Dämpfung des Systems fangen die auftretenden Schwingungen des Sensors auf, der Wegaufnehmer liegt dann wieder an der Spitze des Klipses.

Die zweite Phase des Fügevorgangs beginnt mit der Berührung eines der Klipsfederschenkel mit dem Bohrungsrand (Einpunkt-Kontakt). Da bei dem in Abb. 6.14 gezeigten Versuch mit 3 mm Versatz in y-Richtung gefügt wurde, beginnt die zweite Phase bereits bei einem Fügeweg von 0,8 mm. Der Bohrungsrand übt jetzt eine Kraft F auf den Klipsfederschenkel aus. Diese Kraft setzt sich zusammen aus der Normalkraft F_N und der Reibkraft F_R. Die Normalkraft F_N steht senkrecht auf der Tangentialebene an die Klipsschenkeloberfläche im Berührpunkt, die Reibkraft F_R liegt in dieser Tangentialebene. Sie hat im Idealfall nur Komponenten in x-Richtung und radialer Richtung (bezogen auf die Klipsachse). Sie ist über den Reibungsbeiwert ρ proportional zur Normalkraft F_N. Durch die Lackschicht auf dem Bohrungsrand sowie die guten Gleiteigenschaften von POM ergibt sich ein sehr geringer Reibbeiwert und damit auch ein kleiner Reibkegelöffnungswinkel. Es tritt nur Gleitreibung auf. Der komplient eingespannte Klips kann in dieser Phase noch den einwirkenden Kräften ausweichen. Die Fügekraft F_x wächst somit nur unbedeutend. Das Moment M_z steigt näherungsweise linear an. Der Kurvenverlauf ist relativ glatt. Der leichte Anstieg des Moments um die y-Achse erklärt sich durch ungleichmäßige Reibung über die Länge der Berührungslinie von Klipsfederschenkel und Bohrungsrand.

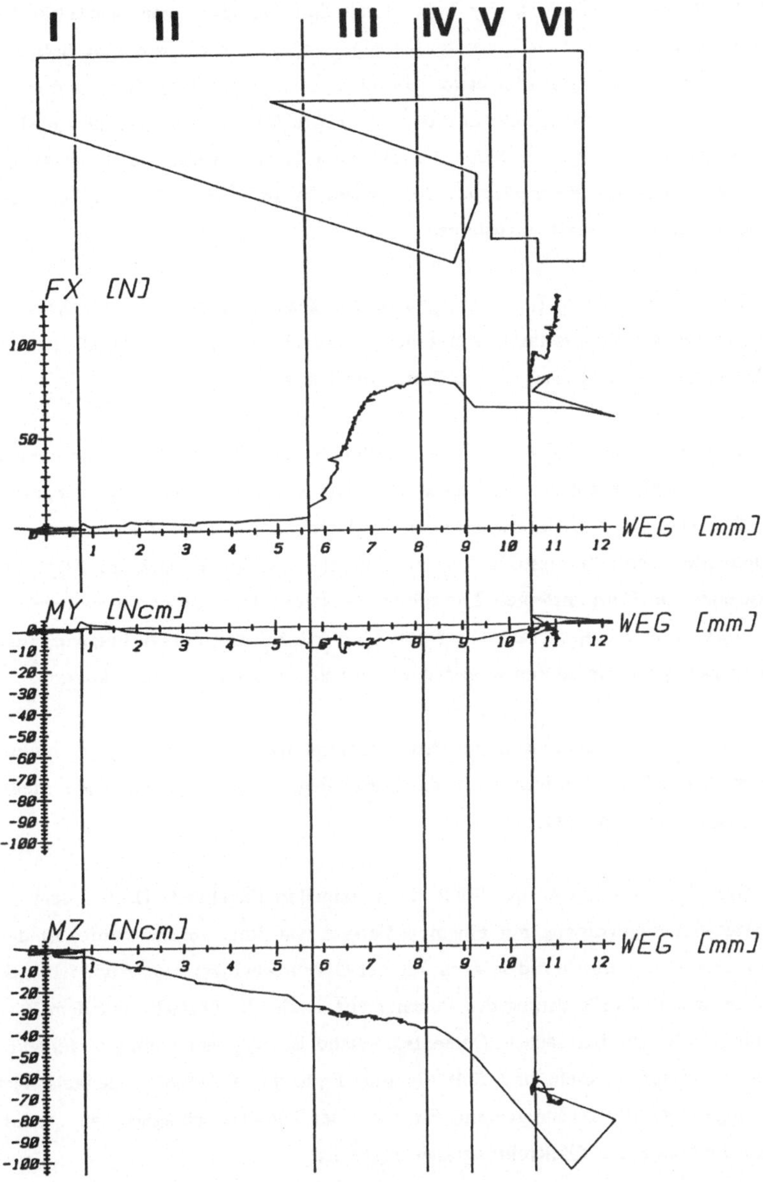

Abb. 6.14: Fügevorgang in seinen sechs Phasen (gefügt mit 3 mm Versatz in y-Richtung bei komplienter Klipseinspannung)

Die dritte Phase des Fügevorgangs beginnt mit dem Übergang vom Einpunkt-Kontakt zum Zweipunkt-Kontakt; der zweite Klipsfederschenkel trifft auf den Bohrungsrand auf. Das Moment M_z steigt hier etwas stärker an (mit y-Versatz gefügt) und setzt dann seinen sehr flachen Anstieg (wie in Phase zwei) fort. Gleichzeitig beginnt die Meßapparatur zu schwingen. Die am Klips angreifenden Kräfte weisen jetzt an den beiden Schenkeln jeweils entgegengerichtete Komponenten auf. Die Fügekraft F_x beginnt in der dritten Phase sehr stark anzusteigen.

Wie bei den theoretischen Betrachtungen bereits gezeigt, kommt die Fügekraft F_x vor dem Ende des Klipsfederschenkels zu einem Maximalwert (s. Kap. 5.1). Die exakte Lage des Maximums ist u.a. abhängig vom Betrag des Versatzes.

Alle drei Kurven zeigen nicht mehr den glatten Verlauf wie in der zweiten Phase. Die größeren Ausschläge am Anfang der dritten Phase entstehen durch Schwingungen des Wegmeßsystems. Bei den Untersuchungen des Fügevorganges mit der Methode der finiten Elemente konnte festgestellt werden, daß hier die Spannungen im Klips über die Streckgrenze von POM ansteigen. Die feinen Zacken in den Kurven dieses Bereichs entstehen durch lokale teilplastische Verformungen des Klipses, die bei Fügevorgängen mit Versatz von über 3 mm an den Klipsfederschenkeln beobachtet werden können.

Da der Fügezylinder mit konstantem Druck versorgt wird, fällt die Fügegeschwindigkeit mit dem Anwachsen der Fügekraft ab. Daher liegen die aufgenommenen Meßpunkte immer enger nebeneinander.

Die vierte Phase beginnt an der Stelle der maximalen Fügekraft. Da bei dem in Abb. 6.14 gezeigten Fügevorgang mit einem y-Versatz von 3mm gefügt wurde, ist der Neigungswinkel γ hier annähernd so groß wie der Öffnungswinkel α (s. Abb. 5.18), d.h. der Klipsfederschenkel in Richtung des Versatzes ist an der Berührstelle mit dem Blech annähernd parallel zur Klipsachse. Dementsprechend ist F_{Nx} sehr klein. Die Fügekraft hat hier ihr Maximum erreicht und fällt bis zum Ende des Klipsfederschenkels leicht ab. Die Fügegeschwindigkeit steigt beim Einrasten der Schenkel schlagartig an, wodurch ein erneuter Übergang zur Gleitreibung angezeigt wird.

In der fünften Phase berührt der Klips den Rand der Bohrung nicht mehr mit den Seitenflächen seiner Federschenkel, sondern anfangs mit deren Stirnseite. Die beiden Federschenkel können jetzt auseinanderspreizen und ziehen so den Klips quasi selbständig weiter in die Bohrung hinein. Bei der Analyse des Fügevorgangs mit der Methode der finiten Elemente zeigte sich an dieser Stelle eine scharfe Spitze hoher negativer Fügekraft F_x (s. Abb. 5.17). Eine derartige negative Fügekraft läßt sich bei einem realen Fügevorgang nicht messen. Die Fügekraft in den Meßkurven geht zwar deutlich zurück, aber da beide Federschenkel des Klipses nie exakt gleichzeitig über den Bohrungsrand gleiten, wird nicht nur ein Sprung der Fügekraft, sondern vielmehr ein Momentensprung erzeugt (s.a. Abb. 6.6, 6.7). Die zeitliche Differenz, mit der die Federschenkel auseinanderspreizen, wächst mit der Größe des Versatzes von Klipsachse zu Bohrung, da sich die Durchbiegungen der Federschenkel immer mehr voneinander unterscheiden. Das Maximum der auftretenden Momente liegt immer in dieser Phase, d.h. im Einrastvorgang.

Durch den schlagartigen Anstieg der Fügegeschwindigkeit wird das Wegmeßsystem häufig ganz beträchtlich von der Spitze des Klipses abgestoßen und liefert deswegen in dieser Phase keine Weg-Informationen. Trifft der Wegmeßsensor wieder auf die Spitze des Klipses auf, so hat dieser in der Regel bereits mit seiner Tellerfeder die Oberfläche des Bleches erreicht.

Die sechste Phase des Fügevorganges beginnt mit dem Anschlagen der Tellerfeder des Klipses auf der Blechoberfläche. Der Fügevorgang ist an dieser Stelle nicht etwa abgeschlossen. Es findet bei stetigem Kraftanstieg zunächst langsam eine elastische Verformung der Tellerfeder statt, bis der Klips mit seinem Durchmesser von 8mm vollständig in die Bohrung gleitet und der Bund auf der Blechoberfläche aufliegt. Die Tellerfeder wird hierbei im elastischen Bereich verformt und liegt an ihrem gesamten Außendurchmesser gut auf der Blechoberfläche auf. Erst jetzt ist der Fügevorgang abgeschlossen. Eine weitere leichte Wegänderung ist auf ein Verbiegen des Versuchsblechs bei steigendem Druck im Fügezylinder zurückzuführen.

6.3.3   <u>Einfluß der Klipseinspannung und des Versatzes</u>

Ein Vergleich der beim Fügevorgang auftretenden Kräfte und Momente ergibt wesentlich geringere Belastungen von Klips, Fügesystem und Blech bei der Verwendung eines komplienten Systems zur Einspannung des Klipses. In Abb. 6.15 sind die beim Fü-

gen unter Versatz auftretenden Kräfte und Momente für feste und kompliente Klipseinspannung gegenübergestellt; die Werte für das kompliente System entsprechen 100%.

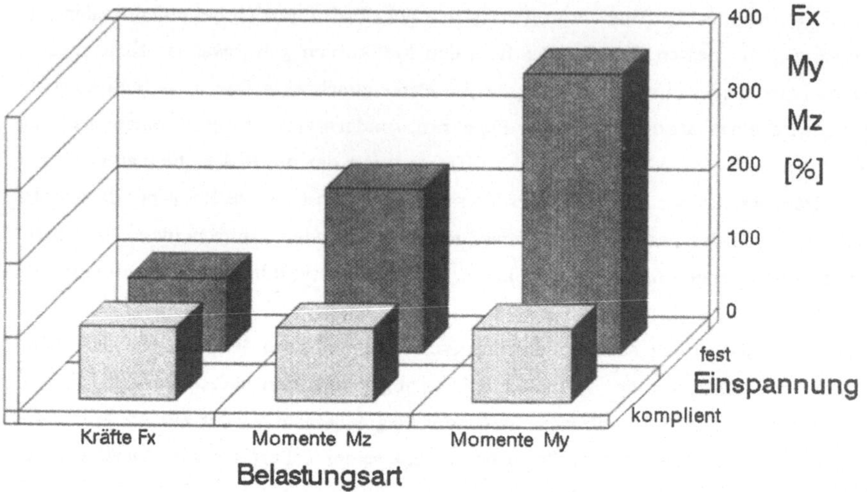

Abb. 6.15: Fügekräfte und -momente bei verschiedenen Klips-Einspannungen
(Versatzwerte gemittelt über alle Versuche mit Versatz von 0-4 mm)

Die benötigten Fügekräfte unterscheiden sich bei beiden Einspannungen nur minimal.
Die auftretenden Querkräfte bzw. Momente dagegen sind bei einer komplienten Einspannung wesentlich niedriger. Dies läßt sich durch die 'elastische Fesselung' des Klipses im komplienten System erklären. Er kann primär durch zwei translatorische und zwei
rotatorische Freiheitsgrade den auftretenden Belastungen ausweichen. Dieser Vorgang ist
in Abb. 6.5 gut zu beobachten. Das kompliente System gleicht anfangs durch Drehung,
später durch Translation den bestehenden Versatz aus. Wird mit einer festen Einspannung gefügt, so findet keine Ausgleichsbewegung durch die Klipseinspannung statt. Bei
gleichem Versatz sind in diesem Fall die auf das Fügesystem übertragenen Kräfte deutlich höher.

Beim Fügen besteht nicht nur eine starke Abhängigkeit der Belastung von der Größe,
sondern auch von der Richtung des Versatzes (Abb. 6.16, ohne Versatz gleich 100%). Bei
einem z-Versatz tritt eine wesentlich höhere Fügekraft auf als bei gleich großem Versatz
in y-Richtung (Abb. 6.6 - 6.12, Ergebnisse über alle Versuche mit Versatz gemittelt).

108

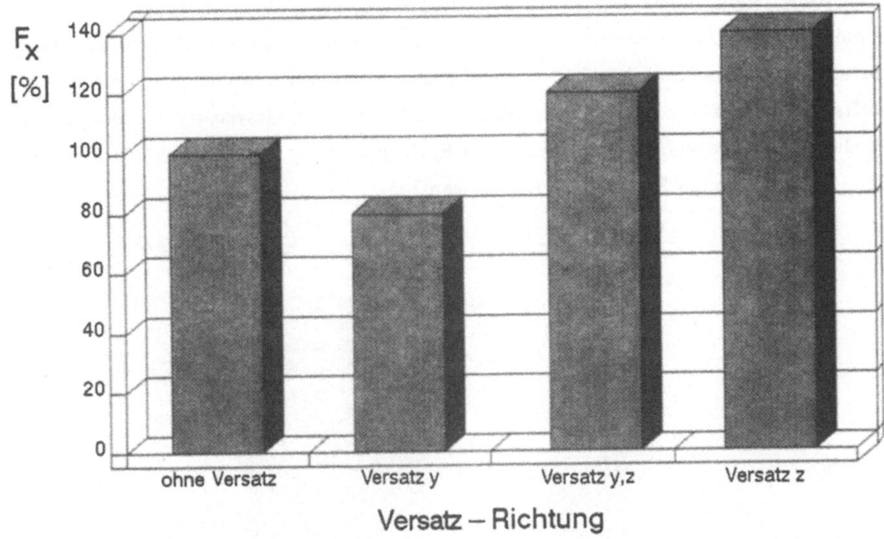

Abb. 6.16: Fügekraft in Abhängigkeit von Versatz in unterschiedlichen Richtungen (Versatzwerte gemittelt über alle Versuche mit Versatz von 0–4 mm)

In Abb. 6.16 ist zu erkennen, daß die Fügekraft bei Versatz in z–Richtung erheblich höher ist als bei y–Versatz. Das Phänomen wird durch die unterschiedlichen Berührungsflächen der Klipsfederschenkel mit dem Bohrungsrand verursacht. Bei y–Versatz reibt der ganze Außenradius eines Federschenkels am Bohrungsrand; der Federschenkel kann durch elastische Verformung der durch den Positionsversatz entstehenden Querkraft nachgeben. Bei z–Versatz dagegen berühren die Klipsfederschenkel den Bohrungsrand nur mit einer ihrer beiden Längskanten (Querschnitt eines Federschenkels s. Abb. 5.11, 6.13). Die Berührfläche von Klips und Bohrungsrand ist demzufolge erheblich kleiner und die Flächenpressung sowie die Reibkraft bedeutend größer. Es treten schon bei geringem Versatz lokale plastische Verformungen auf. Daß die Fügekraft bei zentrischem Fügen noch etwas höher liegt als bei y–Versatz, ist darauf zurückzuführen, daß bei Versatz nicht beide Federschenkel gleichzeitig bis zum erforderlichen Maß verformt werden müssen, da sich der Klips beim Fügen etwas schief stellt. Daher ist die maximal auftretende Fügekraft geringer. Denn beim zentrischen Fügen müssen beide Schenkel gleichzeitig verformt werden, was eine höhere Fügekraft zur Folge hat.

Das Widerstandsmoment der Klipsfederschenkel gegenüber Kräften in y-Richtung ist kleiner als gegenüber denen in z-Richtung. Der Klipsfederschenkel kann folglich einer Belastung in y-Richtung leichter durch elastische Verformung ausweichen, wodurch die auftretenden Kräfte sinken. Die Belastungen auf das Montagesystem bei Versatz in z-Richtung dagegen können bei einer festen Einspannung des Klipses nicht durch elastische Verformung der Schenkel verringert werden.

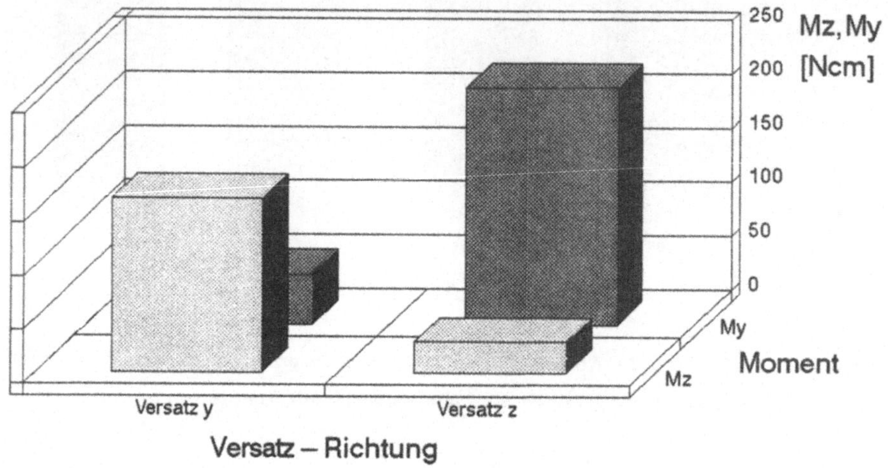

Abb. 6.17:   Momente beim Fügen mit einem festen System und 1 mm Versatz in y- bzw. z-Richtung

Wie aus Abb. 6.17 zu ersehen ist, sind die maximal auftretenden Momente bei einem z-Versatz ebenfalls beträchtlich größer als bei einem Versatz in y-Richtung. Der Grund hierfür ist primär im unelastischeren Verhalten der Federschenkel bei einer Belastung in z-Richtung aufgrund des höheren Widerstandsmoments zu sehen.

Die Abhängigkeit der Belastungen des Fügesystems von der Richtung des Versatzes ist bei Verwendung eines komplienten Systems nicht so stark ausgeprägt. Während die Höhe der Fügekraft F_x ebenfalls eine Abhängigkeit von der Richtung des Versatzes aufweist (Abb. 6.19), steigen die Querkräfte, bzw. Momente M_y und M_z weniger an (Abb. 6.20). Bei der komplienten Einspannung liegt das höchste auftretende Moment bei 120 Ncm, beim festen System dagegen bei über 200 Ncm. Der Versatz kann durch Verformung der komplienten Einspannung zum Teil ausgeglichen werden, die Gleitflächen werden vergrößert und die Querkräfte verringert. Beides führt zu einer geringeren Fügekraft als bei einem festen System.

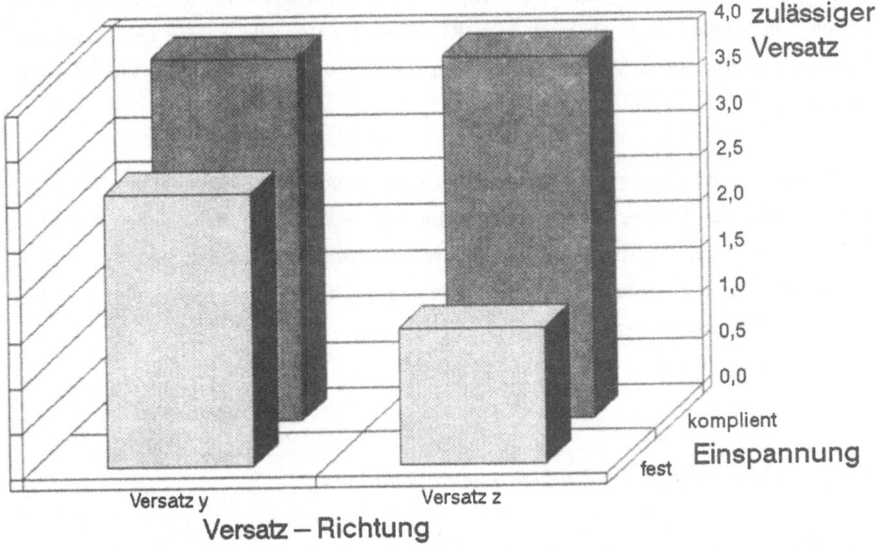

Abb. 6.18:   Grenzen für mögliches Fügen bei fester und komplienter Klipseinspannung

Nicht nur die geringeren Belastungen aller Elemente sprechen für die Verwendung einer komplienten Einspannung, auch die Fügesicherheit ist erheblich größer. Die zulässige Höhe des Versatzes abhängig von der Richtung bei verschiedenartiger Einspannung zeigt Abb. 6.18. Diese Werte gelten für den Versuchsaufbau mit dem Kraft-Momenten-Sensor. Der zulässige Versatz ist bei einer komplienten Einspannung deutlich höher als bei der festen. Bei der festen Einspannung des Klipses kann bei einem Versatz von 3,0 mm in y-Richtung kaum noch erfolgreich gefügt werden (nur zu 60%), bei 2,5 mm Versatz wurden noch 100% der Klipse gefügt. Für z-Versatz beträgt der maximal zulässige Versatz nur 1,5mm. Bei den Versuchen mit größerem Versatz und fester Klipseinspannung war kein Fügen mehr möglich.

Dagegen darf der Versatz in beliebiger Richtung beim komplienten System sogar 4,0 mm betragen. In diesem Fall setzt der Klips zuerst mit seiner Spitze auf dem Rand der Bohrung auf. Mit wachsender Fügekraft unter den Schwingungen, die durch den Aufprall des Klipses auf das Blech hervorgerufen wurden, knickt er seitlich weg und weicht in Richtung der Bohrung aus. Sitzt das Zentrum der Klipsspitze nicht außerhalb der Bohrungsrand-Rundung (durch die Lackierung beträgt der Durchmesser des Bohrungsrandes über 8 mm), so gleitet der Klips vom Bohrungsrand in die Bohrung hinein. Sowohl bei Versatz in y- als auch in z-Richtung konnten alle Klipse bei komplienter Einspannung mit einem Versatz kleiner oder gleich 4,0mm mit über 95% Sicherheit gefügt werden.

Zusammenfassend kann gesagt werden, daß eine kompliente Einspannung einer festen Einspannung des Klipses vorzuziehen ist im Hinblick auf die Belastungen des Fügesystems, die Fügesicherheit und die zulässigen Positionsabweichungen. Aus diesem Grund wird in den weiteren Ausführungen nur noch das Fügesystem mit einer komplienten Einspannung betrachtet.

6.3.4   Fügen bei komplienter Einspannung des Klipses

Im folgenden wird näher auf den quantitativen Zusammenhang zwischen Versatz und auftretenden Belastungen bei Verwendung einer komplienten Einspannung eingegangen. Aus Abb. 6.19 können die erforderlichen Fügekräfte in Abhängigkeit von der Größe und der Richtung des Versatzes abgelesen werden.

Für eine feste Einspannung konnte bereits eine Abhängigkeit der Belastungen von der Richtung des Versatzes aufgezeigt werden. Auch bei Verwendung der komplienten Einspannung ist eine geringe Abhängigkeit der Fügekraft von der Richtung des Versatzes zu beobachten (Abb. 6.19). Bei auftretenden Querkräften in z-Richtung kann der Klips durch die kompliente Einspannung ausweichen. Es findet eine leichte Verschiebung in z-Richtung und eine Drehung um die y-Achse statt. Dadurch werden die Querkräfte vermindert. Das höhere Widerstandsmoment des Klipsfederschenkels gegenüber Belastungen in z-Richtung kann sich daher nicht so stark auswirken wie bei der festen Einspannung. Die Berührungsflächen der Klipsfederschenkel mit dem Bohrungsrand sind aber weiterhin die Längskanten der Schenkel. Sie sind bei einem z-Versatz kleiner und dementsprechend ist die Flächenpressung größer als bei gleich hohem y-Versatz.

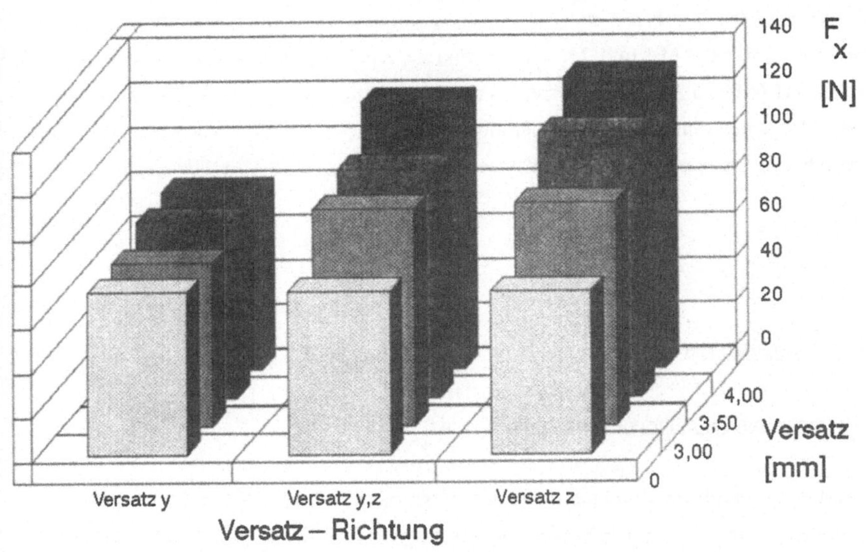

Abb. 6.19: Fügekräfte F_x in Abhängigkeit von Größe und Richtung des Versatzes bei komplienter Einspannung

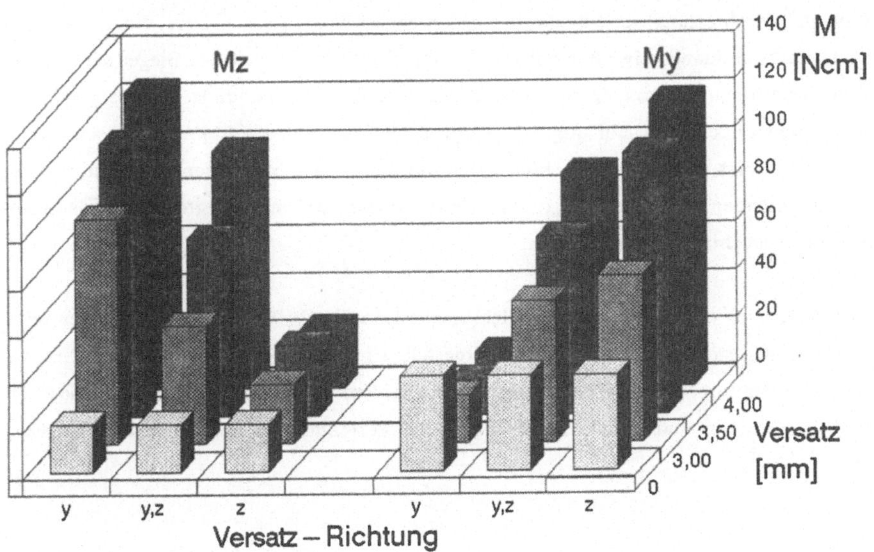

Abb. 6.20: Momente M_y und M_z in Abhängigkeit von Größe und Richtung des Versatzes (komplientes System)

Da die Querkräfte durch die kompliente Einspannung entscheidend abgebaut werden, weisen die Momente M_y und M_z eine geringere Abhängigkeit von der Richtung des Versatzes auf (Abb. 6.20) als bei fester Klipseinspannung (s.o.). Abb. 6.20 zeigt ein Sinken des Momentes um die y-Achse bei anwachsendem Versatz in y-Richtung. Dies läßt sich durch eine bessere Führung des Klipses in z-Richtung bei wachsender Querkraft F_y erklären.

6.3.5   Vergleich der Meßergebnisse mit den Berechnungen

o   Betrachtung des Fügevorgangs ohne Versatz

Zu vergleichen sind die Ergebnisse aus den Messungen mit dem Kraft-Momenten-Sensor mit denen aus den Berechnungen an der Biegelinie und aus der Finite-Elemente-Berechnung (Abb. 6.21). Der über dem Fügeweg zu erwartende Maximalwert der Fügekraft errechnet sich nach der Theorie der Biegelinie (Gl. 6.19) zu 148 N. Die Berechnung nach der Methode der finiten Elemente ergibt eine maximale Fügekraft von ca. 70 N. Bei der Messung der Fügekraft wurden ca. 75 N ermittelt. Dieser Vergleich zeigt schon, daß die quantitative Berechnung der Fügekraft am Modell der Biegelinie eine zu grobe Vereinfachung und damit Abweichung von der Realität darstellt. Die praktisch gemessenen Fügekräfte sind ungefähr so groß wie die mittels FEM berechneten (Abb. 6.21). Allerdings werden bei den Messungen mit dem Kraft-Momenten-Sensor nicht alle real auftretenden Kräfte erfaßt, da die Massenträgheit der mitbewegten Sensorelemente nicht berücksichtigt werden kann.

Betrachtet man die drei unterschiedlich ermittelten Verläufe der Fügekraft über dem Fügeweg, wie sie in Abb. 6.21 gegenübergestellt sind, so erkennt man deren qualitative Übereinstimmung bis zum Einrastvorgang. Die großen Sprünge im Fügekraftverlauf der FEM-Berechnung sind durch die nur sehr grobe Verteilung der Knoten bedingt (s. Kap. 5.4).

114

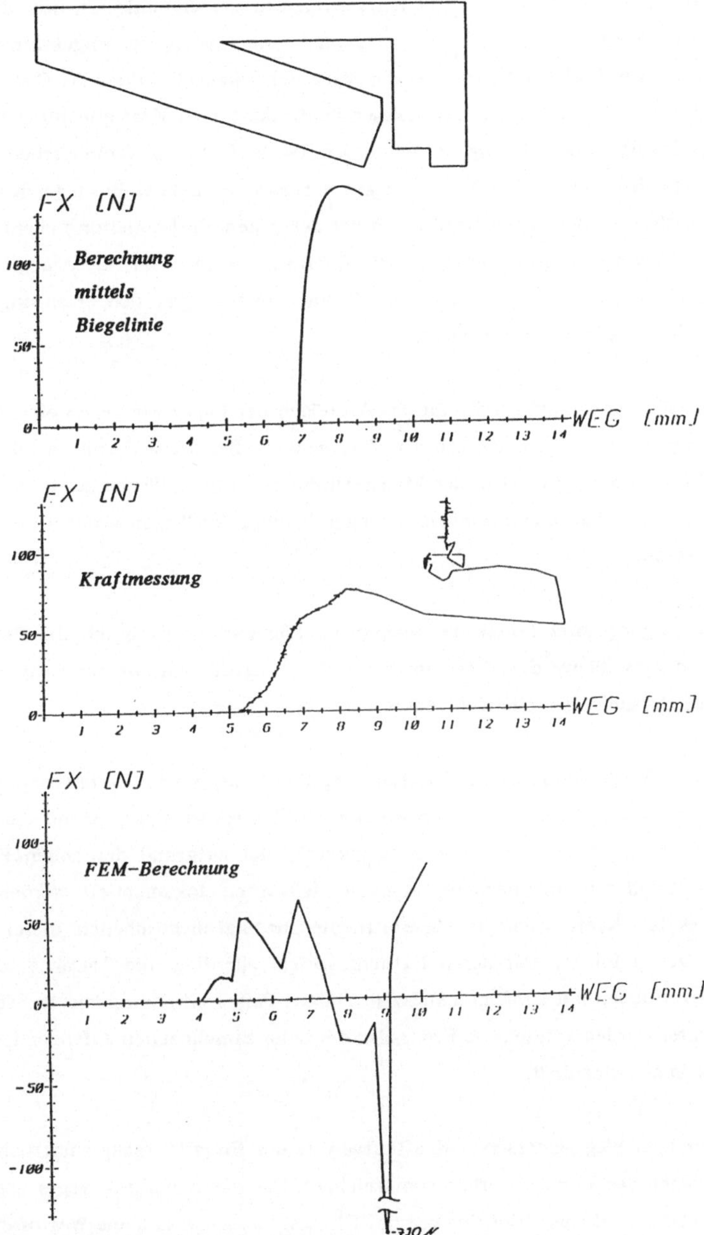

Abb. 6.21: Vergleich der unterschiedlich ermittelten Fügekraftverläufe

115

Die erste vergleichbare Stelle der drei Kurvenverläufe ist der Punkt, an dem die Verformung der Federschenkel eingeleitet wird (der erste Anstieg der Fügekraft von der Nullinie aus). Er befindet sich genau an der Stelle der Schenkel, an der ihr Durchmesser mit dem der Bohrung übereinstimmt. Dieser Punkt der ersten Krafteinleitung liegt bei dem durch die FEM-Berechnung erzeugten Kraftverlauf vor der tatsächlichen Einleitungsstelle, bedingt durch das für die 'Rigid Surfaces' veränderte Blech (s. Kap. 5.4). Bei den praktischen Messungen liegt der Punkt der ersten Krafteinleitung ebenfalls vor dem aus der Geometrie errechneten, da die Bohrung mit Lack ein Durchgangsloch mit einem Durchmesser von unter 8 mm (ca. 7,9 mm) aufweist und sich erfahrungsgemäß stets ein geringfügiger Versatz einstellt.

Der weitere Kurvenverlauf beschreibt das Ansteigen der Fügekraft bis zu einem Maximum. Es liegt kurz vor dem Ende des Federschenkels. Bei der gemessenen Fügekraftkurve sind hier Schwingungen in der Meßapparatur ersichtlich. Wegen der in der Realität teils stockend verlaufenden Fügebewegungen beginnt das Wegmeßsystem in Schwingungen zu geraten.

Der Einrastvorgang kurz hinter der maximalen Fügekraft kann durch die Biegelinie nicht mehr dargestellt werden. Das Einschnappen ist deshalb nur auf der Basis der beiden anderen Darstellungen nachvollziehbar.

Die bei den FEM-Berechnungen auftretende negative Lastspitze im Einrastvorgang kann bei den Messungen nicht nachgewiesen werden. Die Lastspitze wirkt nur auf einer kurzen Wegstrecke in einem Bereich der Fügekurve, der aufgrund der hohen Fügegeschwindigkeit mit nur entsprechend wenigen Meßwerten dokumentiert werden kann. Zudem ist es dem Kraft-Momenten-Sensor trägheitsbedingt nicht möglich, dieser schmalen Lastspitze zu folgen. Für deren Existenz spricht allerdings die Tatsache, daß bei Klips-Fügeversuchen mit großem Versatz in einigen Fällen ein Einreißen der Tellerfeder beobachtet werden konnte, die Feder also der beim Einschnappen auftretenden Belastung nicht immer standhält.

In den über dem Weg gemessenen Kraftkurven ist der Einrastvorgang zusätzlich durch ein Ausschlagen der Wegmeßwerte gekennzeichnet. Das Maximum des Weges liegt über dem theoretisch möglichen Eindringweg des Klipses. Es kann also keine Weginformation für den Fügeweg sein und ergibt sich vielmehr aus dem dynamischen Verhalten des

Wegtasters. Durch die Beschleunigung beim Einrasten löst sich dieser vom Klips und schnellt noch eine Strecke über den Fügeweg hinaus. Das Wegmeßsystem ließ sich nicht ohne übermäßigen Aufwand verbessern, um diesen Fehler zu beheben. Es wäre ein sehr aufwendiges optisches Meßsystem erforderlich, damit keine mechanischen Trägheiten in die Meßgrößen einfließen.

Nach dem Einschnappen wird wieder ein Kraftanstieg beobachtet. Er beschreibt den zur Kompression der Tellerfeder nötigen Krafteinsatz und den Aufbau der Zylinderkraft am Endpunkt des Fügeweges.

o   <u>Vergleich der Ergebnisse beim Fügen unter Versatz</u>

Alle gemessenen Kraftverläufe (Abb. 6.6, 6.7, 6.9, 6.10 und 6.12) weisen deutliche Veränderungen in der Kurvensteigung zwischen dem Eintreten des Einpunkt–Kontaktes (Kurvenbeginn) und des Zweipunkt–Kontaktes zwischen Klips und Bohrung auf. Durch die entgegengesetzte Ausrichtung der beim Zweipunkt–Kontakt entstehenden Querkräfte findet ein Kraftausgleich statt, der als Abflachung bzw. Umkehrung im Verlauf der Querkräfte bzw. Momente deutlich wird. Diese Interpretation der Kraftkurven ist zwar nicht zwangsläufig in den Messungen erkennbar, stimmt aber mit den optischen Beobachtungen des Fügevorgangs überein. Die bei Versatz aufgenommenen Kurven unterscheiden sich außerdem von den Kraftverläufen beim zentrischen Fügen durch den Maximalbetrag der Kräfte. Bei Verwendung einer Klipseinspannung bekannter Nachgiebigkeit kann aus den Werten der Querkräfte auf den Versatz rückgeschlossen werden.

Wie auch durch die photographische Analyse (Abb. 6.5) bestätigt, weicht der Klips bei nachgiebiger Einspannung den zentrierenden Querkräften bis zum Erreichen des Zweipunkt–Kontaktes aus, bevor seine eigentliche Verformung eingeleitet wird. Der Grad der Verformung steht in direktem Zusammenhang mit den im Klips wirkenden inneren Spannungen. Aus dem Betrag der inneren Spannungen läßt sich auf die Belastung rückschließen.

Bei der starren Einspannung kann der Klips im idealisierten Fall (FEM–Berechnung) nicht ausweichen. Die Verformung setzt schon beim ersten Kontakt ein. Die dabei entstehenden inneren Spannungen liegen doppelt so hoch wie die Spannungen beim zentrischen Fügen (Abb. 6.18). Ihre Beträge sind in Form von Isolinien bei den Ergebnissen der FEM-Berechnung neben der Darstellung der verformten Struktur abgebildet (Abb. 5.16, 5.18). Der Fügevorgang kann nicht erfolgreich ausgeführt werden (s. Kap. 5.4), da der Klipskörper mit dem Block kollidiert (Abb. 5.18).

Dieser Vergleich der Messungen mit den FEM-Berechnungen zeigt, daß es grundsätzlich möglich ist, mit Hilfe von Berechnungen nach der Methode der finiten Elemente den Fügevorgang beim Klipsen realistisch zu berechnen; die FEM-Programme müssen allerdings noch weiterentwickelt werden. So ist z.B. eine dreidimensionale Berechnung in Verbindung mit 'Rigid Surfaces' erforderlich. Die Simulation eines Klipsfederschenkels als Biegebalken hat sich für quantitative Fügekraftberechnungen als unbrauchbar erwiesen.

Die Ergebnisse dieser Analyse des Fügevorganges beim automatischen Klipsen sollen nun in den Aufbau eines Versuchsstandes mit einfließen. Es kann festgehalten werden, daß durch die Integration eines komplienten Systems in den Klipseffektor die Belastungen für den Effektor und den Industrieroboter stark reduziert werden können (Abb. 6.15). Bei Verwendung eines komplienten Systems genügt es, für die Auslegung der Elemente der Anlage ca. 150 N Belastung beim Fügen anzusetzen (Abb. 6.19). Die Verwendung eines Druckluftzylinders zum Fügen der Klipse, wie es in der Konzeption der Montagezelle entwickelt wurde, hat sich schon hier als günstig erwiesen.

7 Versuche zum automatischen Klipsen

7.1 Einführung und Zielsetzung

Bei flexibel automatisierten Montageanlagen muß mit hohen Investitionskosten gerechnet werden, deren lange Amortisationszeiten nicht durch hohe Ausfallraten noch weiter gestreckt werden dürfen. Es ist daher von erheblicher Bedeutung, die Verfügbarkeit einer flexibel automatisierten Klipsmontagezelle zu maximieren. Nach der Entwicklung einer Planungsmethode für flexibel automatisierte Montagesysteme und der eingehenden Untersuchung der Fügekräfte beim Klipsen soll deshalb eine Versuchsstation aufgebaut werden. Denn es existieren bisher keine praktischen Untersuchungen zum automatischen Vereinzeln, Zuführen und Montieren von Klipsen.

An der Versuchsstation zur Klipsmontage soll eine Schwachstellenanalyse durchgeführt werden. Es wird die erreichbare Verfügbarkeit des Gesamtsystems anhand der einzelnen Elemente analysiert, um dann Möglichkeiten aufzuzeigen, die Zuverlässigkeit weiter zu erhöhen. Anschließend werden die maximal zulässigen Toleranzen zwischen der Position des Klipses bzw. des Robotereffektors und dem Montageobjekt untersucht. Diese zulässigen Toleranzen werden durch die Integration eines komplienten Systems erhöht.

7.2 Versuchsaufbau für eine flexibel automatisierte Klipsstation

7.2.1 Konzept des Aufbaus

Der Versuchsstand setzt sich aus Industrieroboter, Effektor, Zuführsystem und Vibrationswendelförderer zusammen. Das Kernstück der Station bildet ein sechsachsiger Industrieroboter in Vertikalknickarmbauweise (Abb. 7.1). Es handelt sich in diesem Fall um einen ˝Mantec r3˝ der Fa. Manutec; denn dieses Gerät weist eine höhere Steifigkeit auf, als der für die Kraftmessungen verwendete Puma. Bei später durchgeführten Toleranzversuchen werden deshalb kleinere zulässige Grenzen für zulässige Positionsabweichungen ermittelt als bei einem Puma. Der ˝Mantec r3˝ konnte nicht schon bei den Kraftmessungen eingesetzt werden, da bei diesem Gerät die Verarbeitung der analogen Sensorsignale zu lanagsam für die Durchführung der Kraftmessungen war. Der 'r3' verfährt bahngesteuert mit max. 1 m/s und verfügt über 15 kg Tragkraft. Diese genügt somit den Anforderungen aus den Fügekraftmessungen (s. Kap. 6). Der Klipseffektor ist an der sechsten Achse des Roboters angeflanscht. Das Konzept des Effektors entspricht dem des Profilschlaucheffektors in Kap. 4 (Abb. 4.10). Seine pneumatische Ansteuerung ist in den Roboterarm integriert, um so das Gewicht des Effektors und damit das Lastmoment am Roboter gering zu halten.

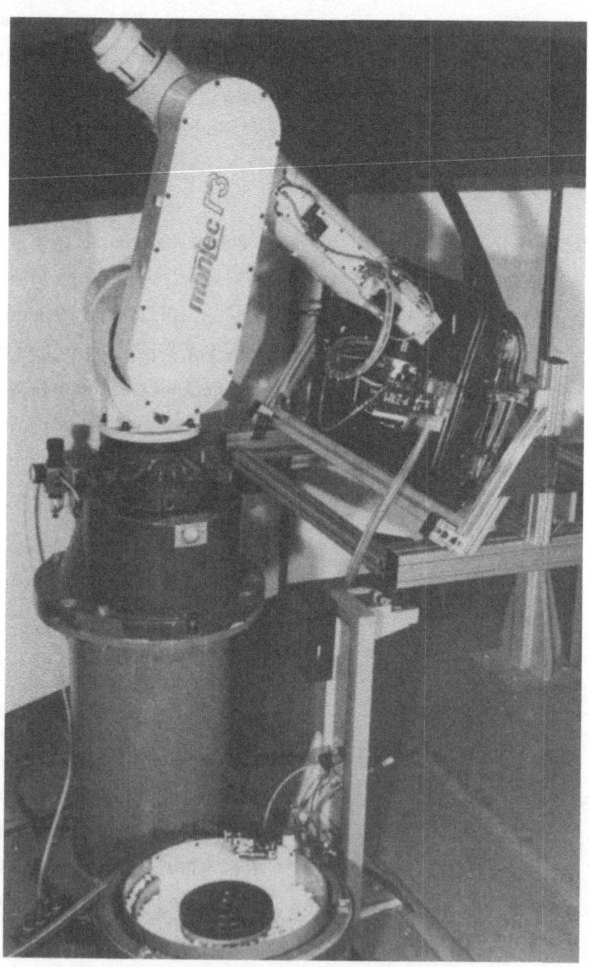

Abb. 7.1:   Flexibel automatisierte Montagestation für Klipse

Die Klipse werden in einem Vibrationswendelförderer gebunkert und mit Hilfe einer Sortierschikane geordnet. Ihm ist ein Vereinzelungsschieber nachgeschaltet, von dem die Klipse in den Profilschlauch gelangen und mit Druckluft zum Effektor gefördert werden.

7.2.2   Effektor zur Klipsmontage

Der Effektor (Abb. 7.2) soll den Klips aus dem Zuführschlauch übernehmen und den Montagevorgang durchführen. Der Klips gelangt durch den Profilschlauch zwischen die beiden Haltebacken, von denen er an der Tellerfeder umgriffen wird. Die Lichtschranke meldet die Anwesenheit des Klipses; daraufhin wird das eigentliche Fügewerkzeug, der Saugkopf, durch den Fügezylinder auf den Klipskopf gefahren, so daß der Klips angesaugt werden kann. Der Druckluftzylinder verfügt über 200 N Fügekraft, so daß die maximal auftretenden Fügekräfte von ca. 150 N (s. Kap. 6) aufgebracht werden können.

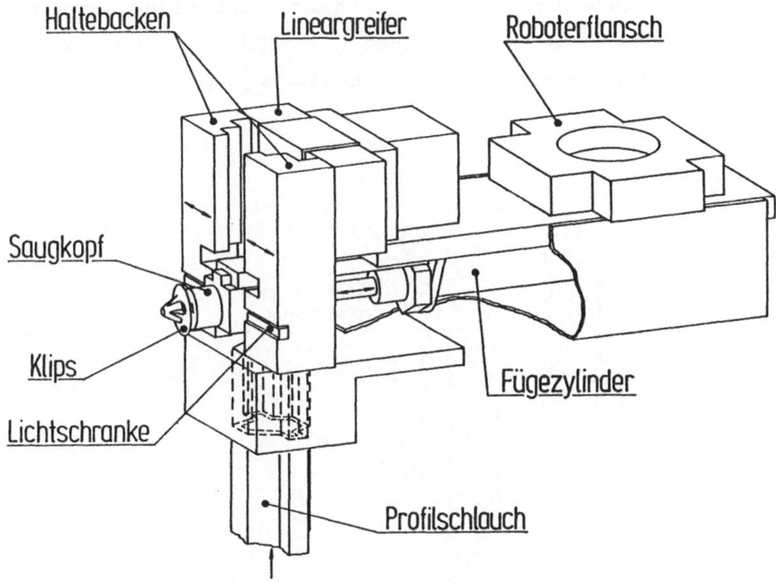

Abb. 7.2:   Aufbau des Klipseffektors

Sobald in der Saugleitung der erforderliche Unterdruck aufgebaut ist, meldet ein Vakuumschalter die Anwesenheit eines Klipses an die Steuerung des Roboters. Danach werden die Backen durch den Lineargeifer geöffnet, so daß die Fügebewegung durch den Fügezylinder, an dem der Saugkopf befestigt ist, ausgeführt werden kann /7.1/. Als Wirkfläche zur Übertragung der Fügekraft dient die Planfläche direkt unterhalb des "Klipskopfes".

7.2.3   <u>Zuführsystem</u>

Die Klipse sollen dem Effektor durch einen Profilschlauch in ständiger Folge zugeschossen werden, während der Roboter unabhängig davon von einem Fügepunkt zum nächsten verfährt. Das bewirkt eine optimale Zuführgeschwindigkeit bei hoher Flexibilität der Montagestation. Um die Klipse dem Effektor zuzuschießen, müssen sie nach dem Ordnen vereinzelt werden. Der Aufbau und die Funktionsweise einer solchen Vereinzelungsvorrichtung sind in Abb. 7.3 dargestellt. Der Vereinzelungsschieber bildet die Schnittstelle zwischen Wendelförderer und Zuführschlauch. Die Klipse gelangen aus der Auslaufschiene des Vibrationswendelförderers in den Schieber und werden von dort durch den Zuführschlauch mit Druckluft dem Effektor zugeschossen.

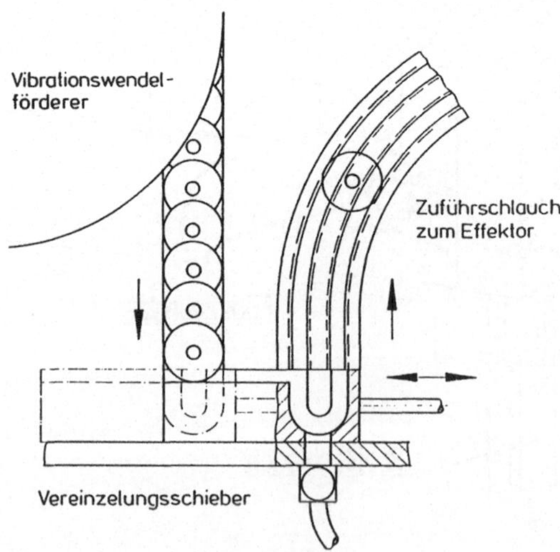

Abb. 7.3:   Vereinzelungsvorrichtung

Die hier verwendeten Klipse haben eine Form, die es nicht zuläßt, sie durch einen run-
den Schlauch zuzuschießen. Sie würden dabei ihre definierte Orientierung verlieren,
denn das Verhältnis der Länge des Klipses zum Durchmesser der Tellerfeder beträgt ca.
1:1. Daher muß ein Profilschlauch eingesetzt werden, dessen Innenprofil entsprechend
der Form der Klipse gestaltet ist (Abb. 7.4).

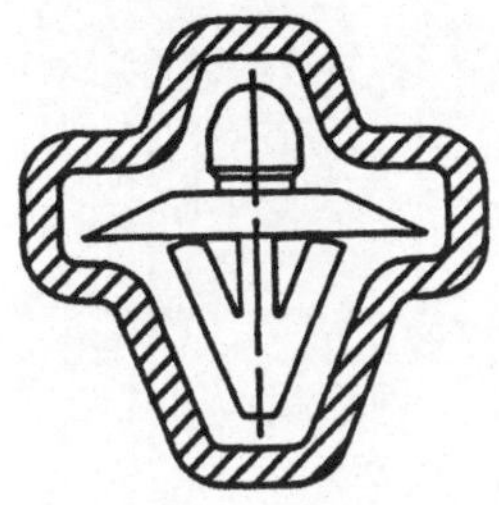

Abb. 7.4:   Profilschlauch

7.3 Schwachstellenanalyse an den einzelnen Komponenten der Klipsstation

Durch umfangreiche Versuchsreihen soll festgestellt werden, welche Fehler zum Ausfall
der Klipsmontagezelle führen können. Die Schwachstellen sollen erfaßt, ihre Ursachen
aufgedeckt und, wenn möglich, beseitigt werden. Ziel dabei ist es, die Zuverlässigkeit
der Komponenten und die Verfügbarkeit der Montageanlage insgesamt zu erhöhen.

Der Vibrationswendelförderer ordnet die Klipse durch eine Druckluftdüse in Verbindung mit einer v-förmig nach oben geöffneten Schiene. Die Klipse laufen, durch den
Wendelförderer angetrieben, entlang dieser Schiene. Dabei kann jeweils der Klipskopf,
-fuß oder die Tellerfeder nach oben zeigen (Abb. 7.5). Nur die Klipse, deren Kopf nach
oben zeigt, können unterhalb der Sortierdüse passieren und gelangen so richtig orientiert
in die Auslaufschiene. Alle nicht korrekt orientierten Klipse fallen in den Bunker
zurück.

Die Einstellung der Sortierdüse ist einfach zu fixieren und verändert sich auch im Laufe
der Zeit nicht. Allerdings tritt gelegentlich der Fall auf, daß ein Klips sich durch zu

starke Vibrationen in der Auslaufschiene zwischen Sortierdüse und Ausgang des
Wendelförderers verdreht oder aus der Führung auf die Auslaufschiene springt. Dadurch
werden die unter ihm liegenden Klipse behindert. Außerdem können sich zwei Klipse
innerhalb der Auslaufschiene gegenseitig verklemmen.

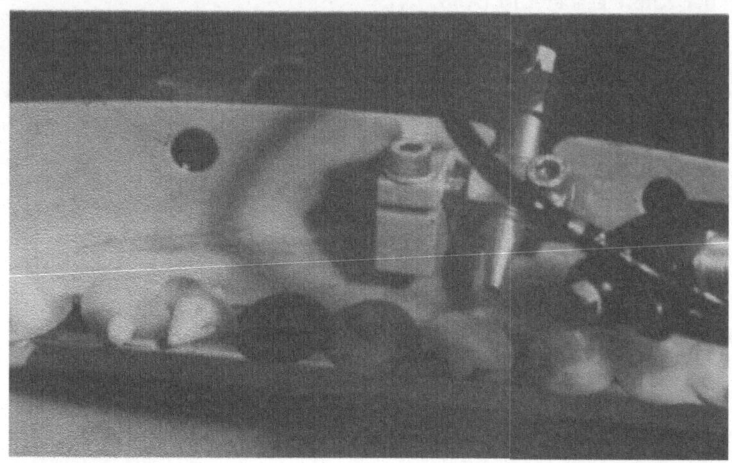

Abb. 7.5:   Ordnungseinrichtung für Klipse

Diese Fehler stoppen den Materialfluß und führen damit zu einem Totalausfall der Montagestation. Die experimentell in über 10000 Versuchen ermittelte Wahrscheinlichkeit,
daß einer dieser Fehler auftritt, beträgt 0,1%. Der Wert wurde aus Versuchen gewonnen,
denen eine Förderleistung von 65 Klipsen pro Minute zugrundelag. Diese Förderleistung
reicht zum Betrieb aus, da sie höher als die maximal mögliche Taktzeit der Anlage pro
Klips ist. Bei einer Erhöhung der Förderleistung nimmt die Fehlerhäufigkeit stark zu.

An der Vereinzelung (Abb. 7.3) treten keine auf erkennbare Fehler zurückführbare Ausfälle auf. Bei 10000 Klipsen ergaben sich hier nur fünf Ausfälle (Ausfallrate 0,05%).

Für den Profilschlauch (Abb. 7.4) erwies sich, im Vergleich mit weicheren Schläuchen,
Vinnylan-PVC Qualität WN3 mit 94° Shore Härte A als günstig wegen des sehr niedrigen Reibkoeffizienten. Der Schlauch weist eine gleichmäßige Wandstärke auf, die
bewirkt, daß bei einer Biegung nur eine geringe Querschnittsveränderung auftritt. Dadurch und durch das große Spiel (+/− 2 mm) der Klipse im Schlauch wird das Verklem-

124

men der Klipse verhindert. Härtere Schläuche haben sich als zu unflexibel erwiesen; weichere Schläuche neigen zu Verformungen, so daß die Klipse eingeklemmt werden könnten. In Versuchen stellte sich heraus, daß die Funktion des Vinnylan–Schlauches bis zu einer Biegung mit einem Radius von 140 mm und einer Verdrillung um die Längsachse von bis zu 720° pro Meter nicht eingeschränkt ist. Mit diesem Schlauch traten bei der Zuführung keine Fehler auf.

Die Ausfallrate des Effektors beträgt ca. 0,1% (10000 Versuche). Hier sind zehn Klipse im Effektor an unterschiedlichen Stellen nicht korrekt gegriffen und weitergegeben worden, eine eindeutige Ausfallursache war nicht zu erkennen.

Die größten Schwachstellen dieser Anlage liegen in den mechanischen Schnittstellen, die die einzelnen Teilfunktionsträger miteinander verbinden. Ursache für die Fehler sind die dort auftretenden Toleranzen. Die Wahrscheinlichkeit des Auftretens eines Fehlers, bezogen auf die Anzahl der insgesamt in der Anlage bewegten Klipse, beträgt 0,25% (ohne Zuverlässigkeit des Roboters). Dabei ist der mögliche Einfluß von Positioniertoleranzen, der im nächsten Kapitel untersucht wird, noch nicht berücksichtigt.

7.4 Einfluß von Positioniertoleranzen

7.4.1   Positioniergenauigkeit des Roboters

Grundsätzlich unterscheidet man bei Industrierobotern zwischen der Wiederholgenauigkeit und der Positioniergenauigkeit. Die Wiederholgenauigkeit bezeichnet die Abweichungen der Roboterpositionen von einem mehrfach angefahrenen Raumpunkt bei wiederholten Programmdurchläufen. Die Positioniergenauigkeit dagegen bezieht sich auf die Abweichung des Roboters von seiner Sollage beim Anfahren eines numerisch programmierten Punktes. Die Wiederholgenauigkeit ist daher im allgemeinen größer als die Positioniergenauigkeit.

In späteren Versuchen werden die zulässigen Toleranzen für das Fügen der Klipse an einer Lochplatte untersucht. Zunächst sollen Vorversuche zur Genauigkeit des Roboters

Aufschlüsse darüber geben, mit welcher durchschnittlichen Positioniertoleranz zu rechnen und von welchen Faktoren sie abhängig ist. Dazu wurde ein Versuch durchgeführt, bei dem der Roboter mit einer Nadel eine Matrix von Punkten anzufahren und zu markieren hatte. So konnten die Positionierfehler ausgemessen werden.

In diesen Versuchen hat sich eine Programmstruktur als optimal erwiesen, die eine Kombination darstellt von fix eingeteachten Punkten in einer Zeile und relativ auf diese Fixpunkte aufbauende Zyklen für das Abfahren einer Spalte. Dabei wurde für jeden Verfahrschritt eines solchen Zyklus ein kleiner Korrekturwert mit einprogrammiert. So konnte eine Positioniergenauigkeit von besser als +/− 0,2 mm erreicht werden.

7.4.2 Zulässige Toleranzen für den Fügevorgang

Der Fügevorgang bezieht sich auf das Montieren von Klipsen in das Innenblech einer lackierten Pkw-Tür mit 0,8 mm Dicke. Der Durchmesser der Fügelöcher im Montageobjekt beträgt 8,0 mm (Abb. 7.6). Durch die üblicherweise vorhandene Lackierung verringert sich der Durchmesser auf 7,7 − 7,9 mm. Gleichzeitig entsteht durch den Lack ein Ringwulst um jedes Loch, deren erhabenste Punkte auf einem Durchmesser von ca. 9,0 mm liegen. Dieser Ringwulst kann bewirken, daß auch ein Klips, der mit seiner Spitze nicht mehr das Loch selbst trifft, noch erfolgreich gefügt wird.

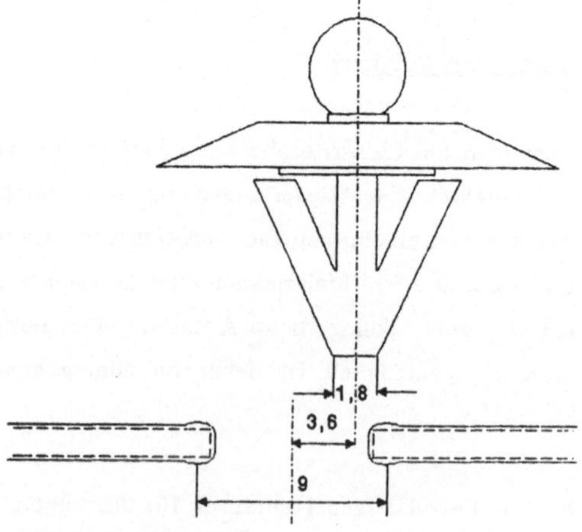

Abb. 7.6:   Geometrie des Fügelochs

126

Um die Grenze des zulässigen Versatzes abschätzen zu können, muß noch der Durchmesser des Klipses am unteren Ende (1,8 mm) berücksichtigt werden. Damit kann für
den zulässigen seitlichen Versatz ein maximaler theoretischer Wert von 3,6 mm berechnet werden (Abb. 7.6).

$$\pm \frac{1}{2} \cdot (9{,}0 \text{ mm} - 1{,}8 \text{ mm}) = \pm 3{,}6 \text{ mm} \tag{7.1}$$

Als Voraussetzung für diese Betrachtung des maximal möglichen Versatzes muß angenommen werden, daß einer der beiden Fügepartner senkrecht zur Fügerichtung nachgeben kann. Denn bei einem absolut starren System ist kein Fehlerausgleich und damit
kein Fügen bei Positionsversatz denkbar.

7.4.3 Experimentelle Ermittlung der zulässigen Toleranzen

Abb. 7.7:   Fügevorgang an der Lochplatte

Die Montageaufgabe lautete: Klipse in das lackierte Blech einer Pkw–Tür mit einer Blechstärke von 0,8 mm eindrücken. Für die Versuchsreihe konnte allerdings keine Tür verwendet werden, da für jede Messung ein neues Loch benötigt wird. Zur Simulation wurde ein Versuchsblech von 0,8 mm Stärke gewählt, in das im Abstand von jeweils 20 mm 100 Löcher mit 8 mm Durchmesser gebohrt wurden. Dieses Blech wurde grundiert und lackiert wie die Tür. Zur Überprüfung der bisherigen Ergebnisse wurden hier an der Montageanlage zuerst Versuche mit einer starren Klipseinspannung durchgeführt.

Es wurden über 1000 Fügeversuche an diesem Versuchsblech mit einer starren Klipseinspannung im Effektor durchgeführt (Abb. 7.7). Bei zu großem Versatz- und Winkelfehler ergab sich als möglicher Fügefehler einerseits, daß der seitliche Versatz so groß ist, daß der Klips das Loch nicht trifft. Andererseits trat der Fall auf, daß der Klips nur mit einem Federschenkel einrastet und sich wieder herausziehen läßt bzw. unter Umständen wieder aus dem Loch herausfällt.

Der Fügevorgang verlief bei fester Klipseinspannung (zu über 95%) fehlerfrei bis zu:

+   einem seitlichen Versatz von 3,0 mm,

+   einem Winkelfehler von 11° oder

+   einer Kombination von seitlichem Versatz und Winkelfehler, siehe Abb. 7.8.

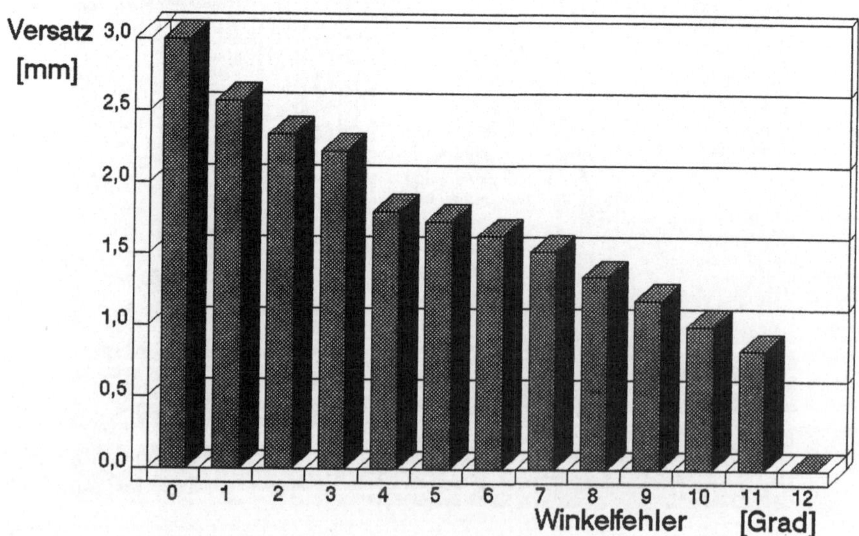

Abb. 7.8:   Zulässige Toleranzen bei starrer Klipseinspannung im Effektor

Diese Ergebnisse zeigen sehr anschaulich, daß Winkelfehler im Vergleich zu seitlichem Versatz in der Praxis unbedeutend sind. Denn bei der Positionierung eines Bauteiles bewirkt ein recht kleiner Winkelfehler in einer gewissen Entfernung vom Drehpol schon einen großen translatorischen Versatz, so daß z.B. bei einer Abweichung von nur 3° zwei 10 cm voneinander entfernte Punkte um 5 mm gegeneinander versetzt sind. Dadurch wäre ein Fügen ohne Positionsvermessung sowieso unmöglich, da i.d.R. an einem Bauteil mehrere Klipse montiert werden. Die Winkelfehler vernachlässigend beschränken sich die weiteren Versuche und Auswertungen auf translatorischen Versatz. Da das seitliche Einrasten des Klipses nur bei einer Kombination von starkem Winkelfehler und seitlichem Versatz auftrat, ist mit diesem Fehler in der Praxis nicht zu rechnen.

Bei einem seitlichen Versatz von 3,5 mm traten erstmals Fügefehler auf, allerdings dann schon mit einer Häufigkeit von 40%; bei 3,0 mm Versatz konnte noch mit über 95% Zuverlässigkeit gefügt werden. Der erwartete Wert für den theoretisch erreichbaren seitlichen Versatz von 3,6 mm wurde also nicht erreicht. Ursache dafür ist die fehlende Ausweichmöglichkeit der Fügepartner durch die starre Einspannung des Klipses. Deshalb ist bei starkem seitlichen Versatz und einer seitlich nicht komplienten Einspannung das selbständige Zentrieren des Klipses mit erheblichem Ausknicken verbunden. Dieses Kippen aber wird von dem Greifmechanismus verhindert, wodurch Kräfte entstehen, die zu Beschädigungen am Klips und an der Lackierung des Bleches führen.

Bei z-Versatz war ein Einfluß der Versatzrichtung (positiv, d.h. nach oben, oder negativ) auf das maximal zulässige Maß der Positioniertoleranz festzustellen. Dieser Einfluß ist darauf zurückzuführen, daß die Fügekraft in Verbindung mit einem Hebelarm von 30 bis 50 cm ein beträchtliches Moment auf die vierte und fünfte Achse des Roboters ausübt (Abb. 7.9). Die Nachgiebigkeit des Roboters verursacht je nach der Richtung des Versatzes eine Verstärkung oder Verringerung des programmierten Positionierfehlers.

Bei Fügekraftmessungen mit einem Kraft-Momenten-Sensor (s. Kap. 6) fand ein sehr steifer Fügezylinder Verwendung. Dabei stellte sich heraus, daß die Toleranzgrenze für ein fehlerfreies Fügen niedriger lag, als sie bei den vorhergehenden Versuchen ermittelt wurde (Abb. 6.19). Das bedeutet, daß der Fügezylinder im Effektor eine nicht unerhebliche Verformung erfährt und so im Endeffekt wie ein komplientes System wirkt. Diese Verformung ist auch die Ursache für seine geringe Lebensdauer; nach einigen tausend Fügeversuchen wies die Führung der Kolbenstange ein merkliches Spiel auf. In der Praxis ist der Fügezylinder also nicht nach der Fügekraft, sondern nach seiner Steifigkeit auszulegen. Außerdem scheint es aus den bisherigen Erfahrungen sinnvoll, ein nachgiebiges Element zum Ausgleich kleiner Positionierfehler in den Klipseffektor zu integrieren.

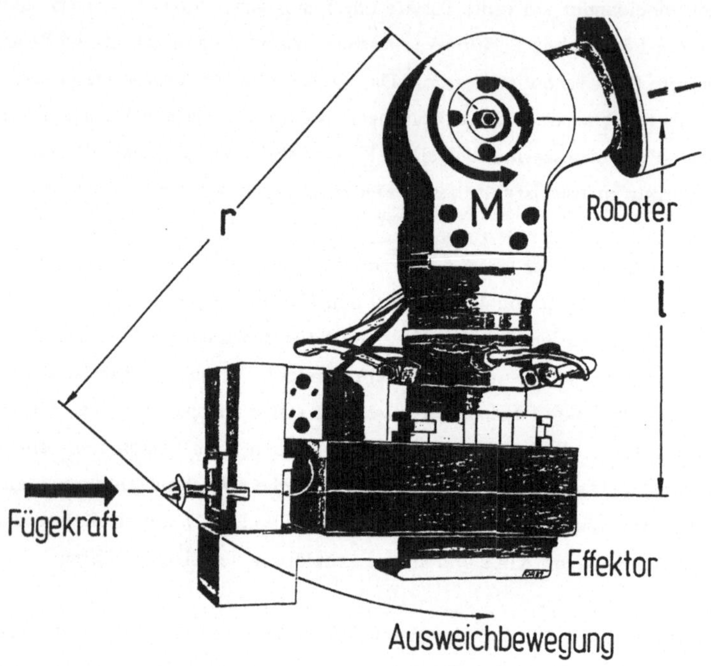

Abb. 7.9:   Einfluß der Roboternachgiebigkeit auf den Versatz beim Fügen

7.5   Integration eines komplienten Systems in den Effektor

7.5.1   Anforderungen an ein komplientes System

Es sind bereits diverse Arbeiten über kompliente Systeme veröffentlicht worden, die sich allerdings primär mit RCC–Systemen (Remote–Center–Compliance) befassen /7.2, 7.3/. Ein derartiges System gleicht nicht nur lineare Positionierfehler durch elastische

130

Elemente aus, sondern kann auch Winkelfehler um einen bestimmten Betrag korrigieren, deren Drehpunkt außerhalb des Systems im Fügepunkt liegt. Ein RCC–System hat in Bezug auf das Klipsen allerdings den Nachteil, daß es zwischen Effektor und Roboterflansch integriert wird, so daß zur Erlangung einer Ausgleichsbewegung die gesamte Effektormasse einschließlich der Masse der bewegten RCC–Elemente mitbewegt werden muß. Bei Klipsen ist dies untragbar, da deren mechanische Festigkeit zu gering ist. Die zur Ausgleichsbewegung erforderlichen Kräfte sind so hoch, daß die Klipse beim Fügen beschädigt werden.

Für die Montageaufgabe 'Klipsen' ist also ein nachgiebiges Element erforderlich, welches linearen Versatz kompensiert. Das kompliente System soll in Fügerichtung hohe Steifigkeit aufweisen, senkrecht dazu – in Richtung der Positioniertoleranzen – dagegen hohe Nachgiebigkeit, damit die Bewegungen zum Ausgleich der zu überwindenden Toleranzen auf einem möglichst geringen Kräfteniveau ablaufen können. Das Ausgleichssystem muß im Effektor möglichst nah an der Klipsaufnahme liegen, um die für den Positionionsausgleich mitbewegten Massen gering zu halten. Dadurch werden die Kräfte minimiert, die zur Ausgleichsbewegung erforderlich sind.

7.5.2   <u>Entwurf eines komplienten Systems</u>

Abb. 7.10 zeigt die möglichen Orte, an denen ein komplientes System zwischen Roboterhand und Klips integriert werden kann. Als erstes bietet sich an, den kompletten Effektor relativ zur Hand des Roboters elastisch aufzuhängen (Variante 1). Hier sind allerdings die bewegten Massen am größten im Gegensatz zu den Möglichkeiten, nur den Fügezylinder (Variante 2) bzw. den Fügestempel (Variante 3) elastisch zu befestigen. Optimal ist es, nur dem Klips eine Ausgleichsbewegung zu ermöglichen; dies wird durch die Variante 4 in Abb. 7.10 erreicht.

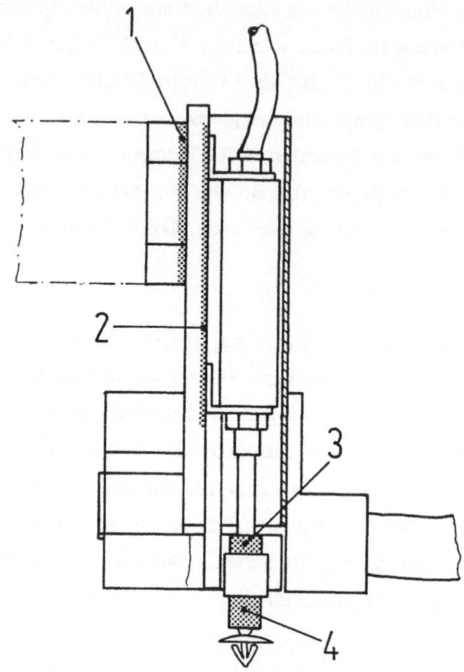

Abb. 7.10:   Anordnung des komplienten Systems

Ein solches System läßt sich durch ein Gummi–Element realisieren. Das in Abb. 7.11 dargestellte kompliente System besteht aus einem zylindrischen Gummielement, das zum Greifen und Ansaugen des Klipses durchbohrt ist. Dadurch wird der Klips nicht nur mechanisch durch Kraftschluß gehalten, die Greifsicherheit wird außerdem durch Unterdruck unterstützt, der an der Bohrung anliegt.

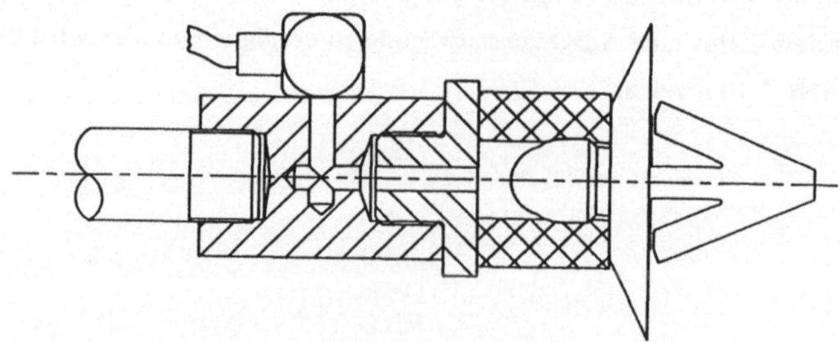

Abb. 7.11:   Kompliente Aufnahme des Klipses

Die Eigenschaften von Gummi erweisen sich hier als besonders günstig, da das System beim Fügen auf Druck, bei Ausgleichsbewegungen aber auf Scherung beansprucht wird. Denn der Druckmodul übertrifft bei Gummi um ein vielfaches den Schubmodul. Das hat zur Folge, daß sich der Gummi beim Fügen nur relativ wenig zusammendrückt, in Richtung der Ausgleichsbewegungen aber sehr weich bleibt, und damit auch die zur Ausgleichsbewegung erforderlichen Kräfte reduziert werden. Dieses System benötigt selbst zum Ausgleich von großem Versatz nur geringe Querkräfte.

7.5.3   Optimierung des komplienten Systems

Das kompliente System in Form eines Gummi–Elementes zwischen Fügestempel und Klips wurde nach verschiedenen Kriterien optimiert. Die Versuche ergaben, daß der Durchmesser der komplienten Klipseinspannung 15 mm nicht überschreiten darf, da sonst der Gummi die freie Verformung der Tellerfeder (Durchmesser 19 mm) beim Einrasten des Klipses behindern würde.

In Optimierungsversuchen, wurden der Durchmesser und die Höhe des Gummielementes variiert. Dabei zeigte sich, daß zu kleine, wie auch zu weiche Gummis (Shore–Härte A 50° und darunter) zum Ausknicken neigen; das hat zur Folge, daß nur mit weniger Versatz als bei einer festen Klipseinspannung erfolgreich gefügt werden kann. Ein langer Gummi (Länge zu Durchmesser über 1,5) verformt sich schon durch sein Eigengewicht zu stark. Er gerät beim Ausfahren des Fügezylinders in Schwingungen oder knickt beim Fügen aus. Zu harte (Shore–Härte A über 60°) oder zu kurze Gummielemente dagegen brauchen zu hohe Verformungskräfte, um Fehler ausgleichen zu können. Die Versuchsergebnisse sind in Abb. 7.12 dargestellt.

Es stellte sich heraus, daß ein System mit 15 mm Durchmesser, 13 mm Länge und 60° Shore–Härte A die besten Ergebnisse erzielte. So konnten die zulässigen Positionstoleranzen auf 4,0 mm erhöht werden.

Eine weitere Erhöhung der zulässigen Montagetoleranzen ließe sich durch geeignete Formgebung des Bleches erreichen. Ein Einführkegel um die Löcher könnte den erlaubten seitlichen Versatz noch erhöhen.

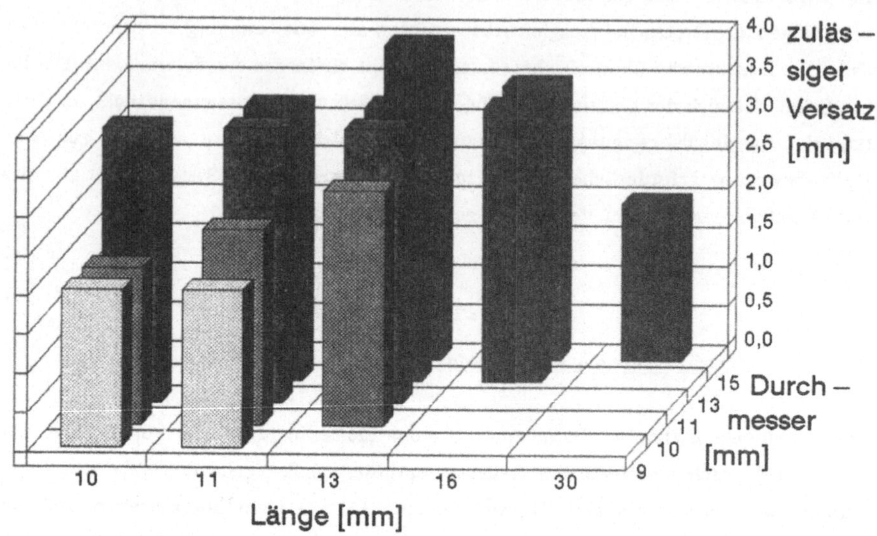

Abb. 7.12: Zulässiger Versatz bei Variation der Geometrie des komplienten Systems (Fügesicherheit über 95%)

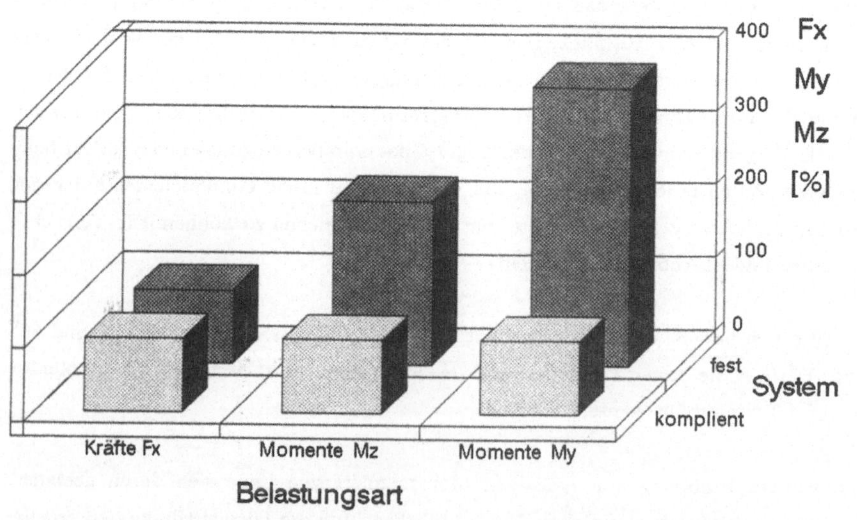

Abb. 7.13: Einfluß der Klipseinspannung auf die Fügekräfte und –momente

Abb. 7.13 stellt einen Vergleich der beim Klipsen auftretenden Fügekräfte und
-momente bei unterschiedlichen Klipseinspannungen dar, wobei die Meßwerte bei Verwendung eines komplienten Systems zu 100% normiert wurden. Diese Fügeversuche mit
einem Kraft-Momenten-Sensor (Versuchsaufbau und Koordinatensystem s. Kap. 6) zeigen, daß die Fügekräfte und -momente durch ein komplientes System stark gemindert
werden. Das bewirkt eine Verlängerung der Lebensdauer des Fügezylinders und eine geringere Gefahr von Beschädigungen an Klips, Montageobjekt und Industrieroboter.

8 Zusammenfassung

In dieser Arbeit werden die heutigen Möglichkeiten zur flexiblen Automatisierung der Montage von Schnellbefestigungselementen dargestellt. Abgesehen davon, daß sich viele Parallelen zur Montage von anderen Kleinteilen ergeben, vor allem zu solchen mit Schüttgutcharakter, nimmt auch die Anwendung von Schnellbefestigern weiterhin ständig zu.

Für die Planung von automatischen Montageanlagen mit Industrierobotern für Schnellbefestigungselemente wird eine systematische Vorgehensweise dargestellt. Dabei wird die Konstruktionsmethodik, übertragen auf Montagezellen, als Planungsinstrument verwendet. Die resultierenden denkbaren Varianten für eine Montagezelle lassen sich mit Hilfe von Funktionsstrukturen geordnet auflisten und durch neu eingeführte Sektortafeln übersichtlich darstellen. Durch eine Nutzwertanalyse läßt sich die Vielfalt an Möglichkeiten auf eine kleine Menge sinnvoller Lösungen reduzieren. Für die verbleibenden Strukturen werden dann Wirkprinzipien für die einzelnen Elemente der Anlage am Beispiel von Klipsen erarbeitet. Aus den Kombinationen dieser Wirkprinzipien ergeben sich Entwürfe für die Zuführung der Klipse und den Effektor einer Montagezelle entsprechend der ausgewählten Funktionsstruktur.

Bevor eine reale Montagezelle aufgebaut werden kann, müssen die zu erwartenden Fügekräfte ermittelt werden. Dafür wird an einem vereinfachten statischen Modell ein Federschenkel des Klipses als Biegebalken angenommen und so die Fügekraft ohne Positionsversatz berechnet. Realitätsnäher und unter Berücksichtigung von Positionsversatz läßt sich der Fügevorgang mit Hilfe der Methode der finiten Elemente berechnen. Aufgrund dieser Berechnungen lassen sich Vorschläge für eine montagegerechtere Gestaltung der Klipse erarbeiten. Die Ergebnisse werden an einem Versuchstand mit einem Industrieroboter überprüft. Zum einen zeigt eine photographische Analyse des Montagevorgangs sehr anschaulich den Fügeprozeß in seinen einzelnen Stationen; zum anderen werden die real auftretenden Fügekräfte mit und ohne Positionsversatz mit Hilfe eines Kraft–Momenten–Sensors gemessen. Durch die Integration eines komplienten Systems reduzieren sich die Belastungen der Fügepartner vor allem bei Positionsversatz. Der Vergleich der Meßergebnisse mit den Berechnungen zeigt, daß die Betrachtung des Klipsfederschenkels als Biegebalken für eine Fügekraftberechnung unrealistisch hohe Werte ergibt, die Berechnungen nach der Methode der finiten Elemente aber weitgehend mit den Messungen übereinstimmen.

Um die bisherigen Ergebnisse zu überprüfen, wird eine komplette Montagestation für Klipse aufgebaut. Es wird entsprechend der Planung und dem ausgewählten Entwurf eine Zuführung der Klipse durch einen Profilschlauch zum Effektor gewählt. An den Vibrationswendelförderer als Bunker und Ordnungseinrichtung schließt sich der Vereinzelungsschieber an. Die Schnittstelle zwischen den stationären Einrichtungen und dem bewegten Effektor bildet der profilierte Zuführschlauch. Im Effektor wird der Klips dann von einem Saugkopf gegriffen und von einem Pneumatikzylinder gefügt. Eine Schwachstellenanalyse an dieser Montagezelle zeigt, daß eine schnelle und zuverlässige automatisierte Montage von Klipsen möglich ist. Dabei bilden die mechanischen Schnittstellen zwischen den einzelnen Funktionselementen die Hauptursache für einen Ausfall der Anlage. Nach einer Optimierung der Montagezelle kann ohne Ausfälle des Roboters mit 99,25% Verfügbarkeit montiert werden, solange die Positioniertoleranzen 3 mm nicht überschreiten. Bei der Analyse des Einflusses von Positionstoleranzen ist festzustellen, daß bei einer starren Einspannung des Klipses im Effektor bei Fügen mit Versatz hohe Querkräfte auftreten. Durch den Einsatz einer komplienten Klipseinspannung lassen sich nicht nur die zulässigen Positionsabweichungen erhöhen, sondern auch die Belastungen des Montagesystems deutlich vermindern.

Literaturverzeichnis

/1.1/ Milberg, J.

Entwicklungsstufen flexibel automatisierter Produktionssysteme, Tagungsband: IWB–Kolloquium ʿAutomatische Produktionssystemeʿ, 13.–15.02.1985, München, 1985.

/1.2/ Maier, C.

Montageautomatisierung am Beispiel des Schraubens mit Industrierobotern, Berlin/Heidelberg/New York/Tokyo, Springer Verlag, 1985.

/1.3/ Milberg, J.

Robotereinsatz in der Montage – eine ganzheitliche Automatisierungsaufgabe, Tagungsband: Robotek ʾ84, 01.–03.02.1984, München, 1984.

/1.4/ Beitz, W.

Demontagefreundliche Schnappverbindungen, S.113–123, VDI–Berichte Nr. 439, Düsseldorf, VDI–Verlag, 1983.

/1.5/ Overhoff. H.

Anwendungsvielfalt elastischer Kraftschlußverbindungen, S.61–68, VDI–Bericht Nr. 360, Düsseldorf, VDI–Verlag, 1980.

/1.6/ Milberg, J.
Barthelmeß, P.

Fügen durch Zusammensetzen und Zusammenlegen, In: Handbuch der Fertigungstechnik, 1. Auflage, Band 5, München/Wien, Carl Hanser Verlag, 1986.

/2.1/ Blass, M.
Kopowski, E.

Methodisches Vorgehen bei der Entwicklung neuartiger Verbindungen, gezeigt am Beispiel von Klipsen, S. 85–91, VDI–Berichte Nr.360, Düsseldorf, VDI–Verlag, 1980.

/2.2/ Oberbach, K.
Schauf, D.

ʿSchnappverbindungen aus Kunststoff Teil 1: Gestaltung Berechnungsgrundlagenʿ, Konstruktion, 9 (1977) 6, S. 41–46.

/2.3/   Beitz, W.   Langzeitverhalten linienhafter, partiell plastisch verformter
        Gertig, I.   Kraftformschlußverbindungen aus Thermoplasten unter sta-
                         tischer und schwingender Belastung, S. 77–79, VDI-Berich-
                         te Nr.360, Düsseldorf, VDI-Verlag, 1980.

/2.4/   Beitz, W.   Demontagefreundliche Schnappverbindungen, S. 113–123,
                         VDI-Berichte Nr.493, Düsseldorf, VDI-Verlag, 1983.

/2.5/   Käufer, H.   'Katalog schnappbarer Formschlußverbindungen an Kunst-
        Jitschin, M.   stoffteilen und beispielhafte Konstruktionen linienförmiger
                         Kraftformverbindungen', Konstruktion, 29 (1977) H.10, S.
                         387–397.

/2.6/   Overhoff, H.   Anwendungsvielfalt elastischer Kraftschlußverbindungen,
                         S. 61–68, VDI-Berichte Nr.360, Düsseldorf, VDI-Verlag,
                         1980.

/2.7/   Möller, K.   'Rationelle Befestigungs- und Verbindungselemente für die
                         Metallverarbeitung', Drahtwelt, 65 (1979) 8, S. 357–359.

/2.8/   Bilge, B.   'Checkliste: Flexibel automatisierte Montage', Flexible
                         Automation, (1985) 4, S. 49–55.

/2.9/   Koller, R.   'Konstruieren von Bauteilen für eine Montage mit Industrie-
                         robotern', Maschinenmarkt, 90 (1984) 65, S. 1485–1488.

/2.10/ Warnecke, H.J.   'Montageautomatisierung in Japan zwischen manueller
                         Montage und bedienerarmer Fabrik', wt – Zeitschrift für
                         industrielle Fertigung, 74 (1984) 3, S. 145–148.

/2.11/ Helwig, H.J.   'Montage- und Handhabungstechnik auf der Industrial
                         Handling 1984', ZwF, 79 (1984) 6, S. 292–296.

/2.12/ Kirch, W.   'Industrieroboter mit adaptiver Regelung in Fertigung und
                         Montage', Werkstatt und Betrieb, 6 (1983) 7, S. 401–404.

/2.13/ Breitenbach, K.-P. 'Flexible Automatisierung mit Industrierobotern', ZwF, 77 (1982) 11, S. 521–524.

/3.1/ Ehrlenspiel, K. Skript zur Vorlesung 'Konstruktionstechnik I, II', TU München, 1987.

/3.2/ N.N. Montage- und Handhabungstechnik, Handhabungsfunktionen, Handhabungseinrichtungen, Definitionen, Symbole, VDI-Richtlinie 2860 Entwurf 1982, VDI-Handbuch Betriebstechnik, Düsseldorf, VDI-Verlag, 1982.

/3.3/ Warnecke, H.J. Handbuch Handhabungs-, Montage-, und Industrierobotertechnik, 3. Nachlieferung 1985, Landsberg am Lech, Verlag Moderne Industrie, 1985.

/3/ N.N. Konstruktionsmethodik. Konzipieren technischer Produkte, VDI-Richtlinie 2222 Blatt 1, VDI-Handbuch Konstruktion, Düsseldorf, VDI-Verlag, 1977.

/3/ N.N. Konstruktionsmethodik. Erstellung und Anwendung von Konstruktionskatalogen, VDI-Richtlinie 2222 Blatt 2, VDI-Handbuch Konstruktion, Düsseldorf, VDI-Verlag, 1982.

/3/ Pahl, G. Konstruktionslehre – Handbuch für Studium und Praxis. Beitz, W. 2. Auflage 1985, Berlin/Heidelberg/New York/Tokyo, Springer Verlag, 1985.

/3/ Pahl, G. Grundlagen der Konstruktionstechnik, In: Dubbel, Taschenbuch für den Machinenbau, 16. Auflage, Berlin/Heidelberg/New York/London/Paris/Tokyo, Springer Verlag, 1987.

/4.1/ N.N. Methodik zum Entwickeln und Konstruieren technischer Systeme und Produkte, VDI-Richtlinie 2221, VDI-Handbuch Konstruktion, Düsseldorf, VDI-Verlag, 1986.

/5.1/ Hellerich, W.
      Harsch, G.
      Haenle, S.

Werkstofführer Kunststoffe, 3. Auflage, München/Wien, Carl Hanser Verlag, 1983.

/5.2/ N.N

Firmenprospekt: Technische Kunststoffe A.1.1 Hostaform, Frankfurt, Hoechst: Technischer Verkauf, 1981.

/5.3/ Magnus, K.
      Müller, H.H.

Grundlagen der technischen Mechanik, Teubner Studienbücher, 2. Auflage, Stuttgart, B. G. Teubner Verlag, 1979.

/5.4/ Eigner, M.

Einstieg in CAD. Lehrbuch für CAD-Anwender, München/Wien, Carl Hanser Verlag, 1985.

/5.5/ Wunderlich, W.

"Die Finite-Elemente-Methode in der Statik. Eine einführende Übersicht", Baupraxis, 35 (1984), S. 1–19.

/5.6/ Rossmanith, H.P.

Finite Elemente in der Bruchmechanik, 1. Auflage, Berlin/Heidelberg/New York/Tokyo, Springer Verlag, 1982.

/7.1/ Milberg, J.
      Riese, K.

"Automatische Montage von Klipsen durch Industrieroboter", Flexible Automation, (1986) 5, S. 28–30.

/7.2/ Whitney, D.E.

What is the Remote-Center-Compliance and what can it do?, The Charles Stark Draper Laboratory, Inc., Cambridge, Massachusettes 02139, USA, In: Proceedings of the 9th International Symposium on Industrial Robots, Washington D.C., USA, March 1979, p. 135–132.

/7.3/ De Fazio, T.L.

Displacement – State Monitoring for the Remote Center Compliance (RCC) – Realizations and Applications, The Charles Stark Draper Laboratory, Inc., Cambridge, Massachusettes 02139, USA, In: Proceedings of the 1st IFS Conference, Brigthon, GB, March 1980, p. 33–42.

iwb Forschungsberichte

Berichte aus dem Institut für Werkzeugmaschinen und Betriebswissenschaften der Technischen Universität München

Herausgeber: Prof. Dr.-Ing. J. Milberg

---

1 **Streifinger, E.**
Beitrag zur Sicherung der Zuverlässigkeit und Verfügbarkeit moderner Fertigungsmittel
1986. 72 Abb. 167 Seiten, ISBN 3-540-16391-3   68,- DM

2 **Fuchsberger, A.**
Untersuchung der spanenden Bearbeitung von Knochen
1986. 90 Abb. 175 Seiten, ISBN 3-540-16392-1   68,- DM

3 **Maier, C.**
Montageautomatisierung am Beispiel des Schraubens mit Industrierobotern
1986. 77 Abb. 144 Seiten, ISBN 3-540-16393-X   68,- DM

4 **Summer, H.**
Modell zur Berechnung verzweigter Antriebsstrukturen
1986. 74 Abb. 197 Seiten, ISBN 3-540-16394-8   68,- DM

5 **Simon, W.**
Elektrische Vorschubantriebe an NC-Systemen
1986. 141 Abb. 198 Seiten, ISBN 3-540-16693-9   68,- DM

6 **Büchs, S.**
Analytische Untersuchungen zur Technologie der Kugelbearbeitung
1986. 74 Abb. 173 Seiten, ISBN 3-540-16694-7   68,- DM

7 **Hunzinger, I.**
Schneiderodierte Oberflächen
1986. 79 Abb. 162 Seiten, ISBN 3-540-16695-5   68,- DM

8 **Pilland, U.**
Echtzeit-Kollisionsschutz an NC-Drehmaschinen
1986. 54 Abb. 127 Seiten, ISBN 3-540-17274-2   68,- DM

9 **Barthelmeß, P.**
Montagegerechtes Konstruieren durch die Integration von Produkt- und Montageprozeßgestaltung
1987. 70 Abb. 144 Seiten, ISBN 3-540-18120-2   68,- DM

10 Reithofer, N.
Nutzungssicherung von flexibel automatisierten Produktionsanlagen
1987. 84 Abb. 176 Seiten, ISBN 3-540-18440-6   68,- DM

11 Diess, H.
Rechnerunterstützte Entwicklung flexibel automatisierter
Montageprozesse
1988. 56 Abb. 144 Seiten, ISBN 3-540-18799-5   73,- DM

12 Reinhart, G.
Flexible Automatisierung der Konstruktion
und Fertigung elektrischer Leitungssätze
1988, 112 Abb. 197 Seiten, ISBN 3-540-19003-1   73,- DM

13 Bürstner, H.
Investitionsentscheidung in der rechnerintegrierten
Produktion
1988, 77 Abb. 190 Seiten, ISBN 3-540-19099-6   73,- DM

14 Groha, A.
Universelles Zellenrechnerkonzept für flexible Fertigungssysteme
1988, 74 Abb. 153 Seiten, ISBN 3-540-19182-8   73,- DM

Die Bände sind im Erscheinungsjahr und in den folgenden drei Kalenderjahren
zu beziehen durch den örtlichen Buchhandel
oder durch Lange & Springer, Otto-Suhr-Allee 26-28, D-Berlin 10